SUDOKU
120 puzzles

MEDIUM LEVEL

SUDOKU is a logic- based puzzle played on a 9×9 grid of squares Partitioned into 3×3 boxes.

Altogether there are 81 squares on a Sudoku grid and when the puzzle is finished each square will contain exactly one number.

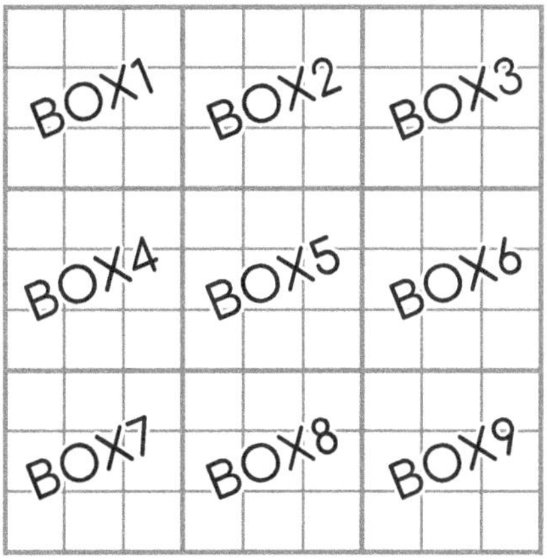

BOX1
BOX2
BOX3
BOX4
BOX5
BOX6
BOX7
BOX8
BOX9

3	4	5	1	9	7	6	2	8
1	9	2	8	3	6	4	5	7
7	6	8	2	5	4	3	1	9
8	2	3	7	4	9	1	6	5
5	1	9	6	2	8	7	4	3
6	7	4	3	1	5	8	9	2
2	3	6	5	8	1	9	7	4
4	5	1	9	7	3	2	8	6
9	8	7	4	6	2	5	3	1

SUDOKU RULE

- Each square needs to contain a single number.
- Just the numbers from 1 to 9 can be used .
- Each box can only contain each number from 1 to 9 once, Never repeating any number.
- Every column can only contain each number from 1 to 9 once, Never repeating any number.
- Every row can only contain each number from 1 to 9 once, Never repeating any number.
- When the puzzle is solved, this means that no number can be repeated in any box, row, or column .

No repeating any number inside each box.

3				9	7		2	
1			8		6			7
	6		2	5				9
8	2		7	4	9			5
		9	6	2	8	7		
6			3	1	5		9	2
2				8	1		7	
4			9		3			6
	8		4	6				1

No repeating any number inside each column.

3	4			9	7		2	
1	9		8		6			7
	6		2	5				9
8	2		7	4				5
	1	9				7		
6	7			1	5		9	2
2	3			8	1		7	
4	5		9		3			6
	8		4	6				1

No repeating any number inside each row.

3				9	7		2	
1			8		6			7
	6		2	5				9
8	2		7	4				5
		9				7		
6			1	5			9	2
2				8	1		7	
4	5	1	9	7	3	2	8	6
	8		4	6				1

Puzzles

Puzzle# 1

			4				8	9
						5		
6	5	7						
					1			5
	3	1	2		5	6	7	
8			6					
						9	2	3
		6						
7	8				3			

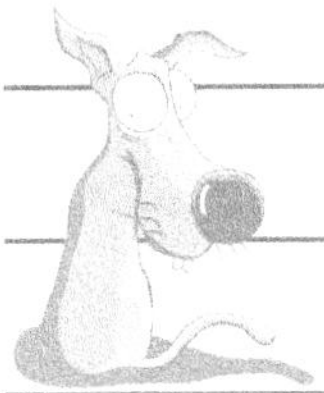

Puzzle# 2

8	6						2	1
	3							
9				4				
3			7					
	2	7	1		5	9	6	
					6			5
				7				2
							9	
6	8						4	3

Puzzle# 3

			3	1		2		
					4		9	
	7	4				8		
2		9				6		
6	8						3	7
		3				9		8
		8				4	7	
	2		6					
		6		4	9			

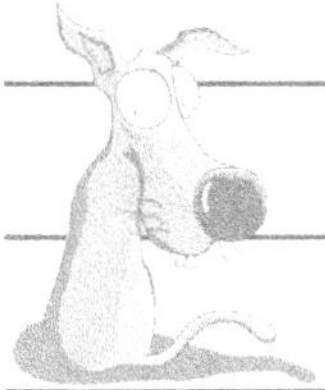

Puzzle# 4

6			1	8				
	8			9		5		7
								1
8		6				9	3	
				6				
	5	7				1		6
9								
1		3		4			6	
				3	9			8

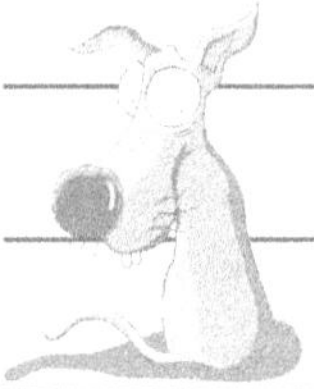

Puzzle# 5

9	7				1			
	3	2		8			9	
			4					7
4		5				7		
			7		4			
		8				5		6
8					3			
	4			7		9	2	
			6				8	3

Puzzle# 6

		3			7		2	5
6				3				
		8			2	1	9	
			3					7
				1				
5					6			
	1	2	7			3		
				5				4
9	8		6			7		

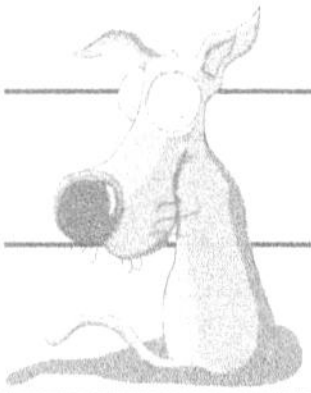

Puzzle# 7

	3			6			9	5
5				1				
	8	6			5			
6			8			2		
4								1
		2			3			9
			5			1	8	
				3				6
2	7			8			5	

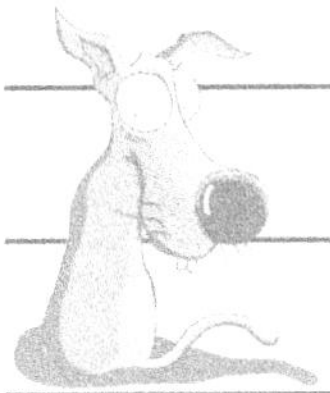

Puzzle# 8

7				6			5	
4								3
		1			3		9	
			3			7		8
		7	9		5	2		
3		8			2			
	9		5			3		
8								9
	6			7				4

Puzzle# 9

		7		2				
6	8					5		
		4	8					
	1		3				4	9
			2		7			
3	7				5		2	
					6	3		
		8					9	2
				9		8		

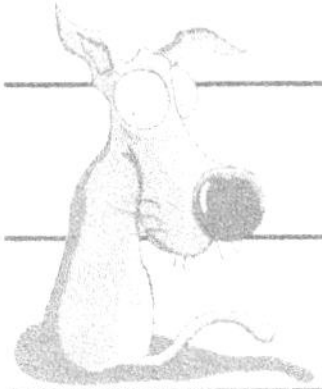

Puzzle# 10

	8		2	3		5		
3	4							
		9		1				8
	5				4			
8		6				4		5
			9				6	
4				7		9		
							2	6
		2		9	5		3	

Puzzle# 11

			2	1				
		4			9			3
5	9	1						
		2			4		8	
			1		7			
	1		9			2		
						5	2	4
3			8			1		
				7	6			

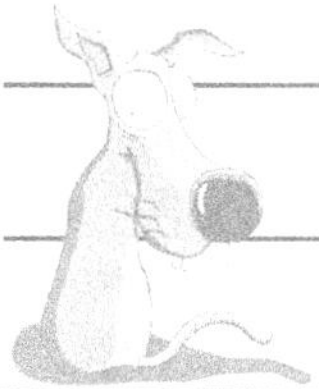

Puzzle# 12

		9		8				
		2					7	
	5		1		6	8		
			9		3			1
		4				2		
6			4		1			
		7	6		8		2	
	9					3		
				7		1		

Puzzle# 13

				9		1		5
7				3			9	2
2		4						
	3		9		4			7
8			3		7		1	
						5		3
9	6			2				4
4		3		6				

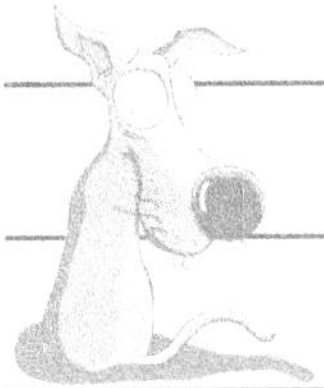

Puzzle# 14

		1	2			8		
8	4			3				
				5	1			
		2			3		7	
		8	6		2	3		
	6		5			2		
			3	4				
				9			3	4
		5			8	6		

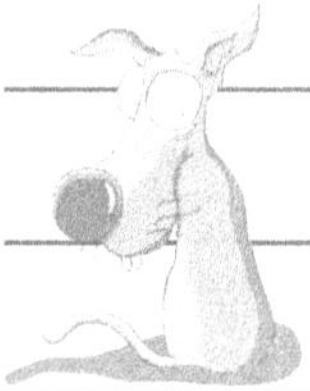

Puzzle# 15

8					3	9		
4			9	2				1
							7	
1		4			6		3	
			2		9			
	7		1			5		8
	1							
7				5	8			4
		3	7					9

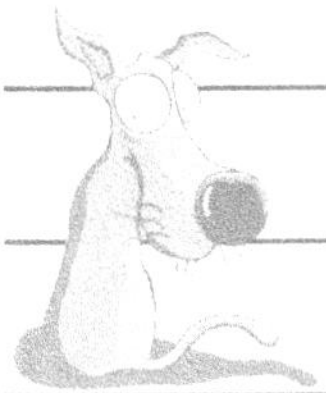

Puzzle# 16

		2						
	6			4	9	7		3
			2	8				6
					1	4		
	3	7				8	9	
		9	6					
3				5	2			
2		5	8	6			1	
					3			

Puzzle# 17

			3					
				8	1	2		9
					6	5	8	
7	1						3	
4			6		9			7
	8						2	6
	2	5	9					
3		9	1	6				
				8				

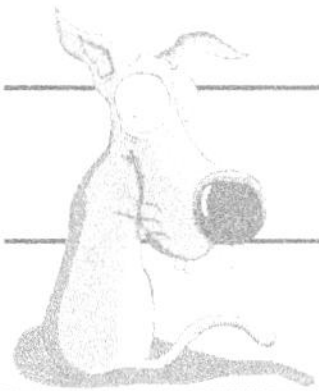

Puzzle# 18

4			9				1	
1	7							2
		8	3			6		
				3		1	8	
				8				
	4	3		6				
		9			7	5		
7							6	4
	6				5			3

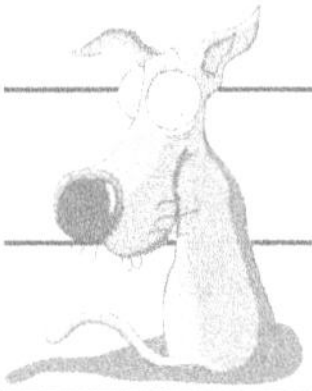

Puzzle# 19

	7	5	6		2			3
		2		8			9	
5	2						3	
8			3		6			4
	9						8	5
	4			1		2		
7			5		9	6	4	

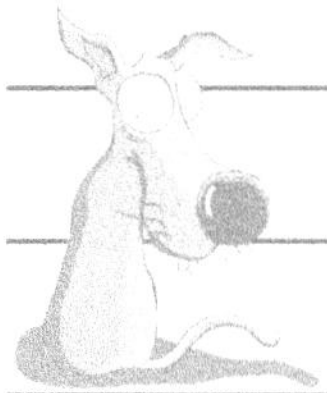

Puzzle# 20

	1	2	5		6		4	
4								
						9	2	6
					2			7
	8		9		7		5	
1			3					
8	9	6						
								4
	7		2		9	5	6	

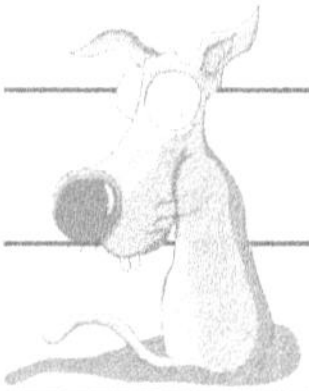

Puzzle# 21

			2			5	9	
	3				4			
		8		1	5		7	
4		3		7			5	
	6			8		2		7
	9		3	2		4		
				8			3	
	2	6			9			

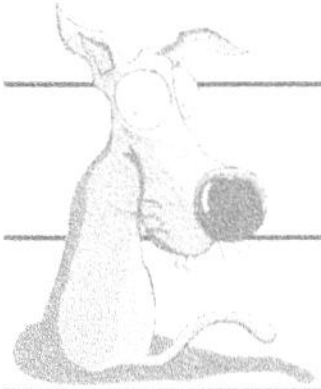

Puzzle# 22

8		3	7				9	
			8			2		
	1			9				6
4		8					6	2
7	2					9		1
2				3			7	
		6			2			
	7				6	1		9

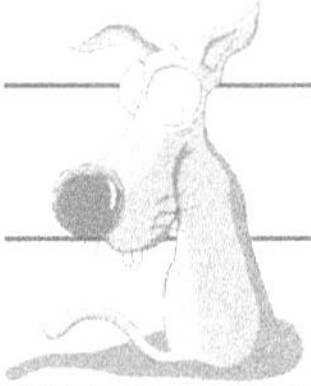

Puzzle# 23

	5	6			4	3		
	2			5				
	4	1			9			
					6		5	9
		4				1		
5	7		8					
			9			7	1	
				6			9	
		9	4			6	8	

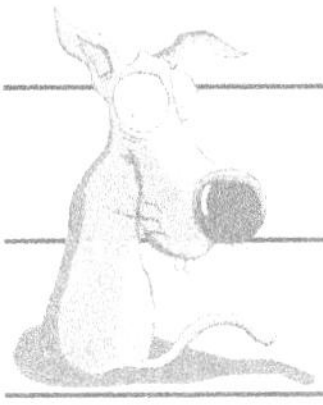

Puzzle# 24

		3	8	5		4		
7		2						9
					7		2	
				2		3	9	
				6				
	1	5		3				
	8		4					
2						1		4
		1		7	9	8		

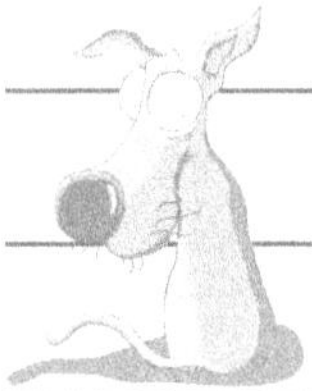

Puzzle# 25

			2					1
	2							9
				9	7	5		6
			4		2	3		5
	5						1	
8		9	3		1			
7		2	1	4				
5							6	
4					3			

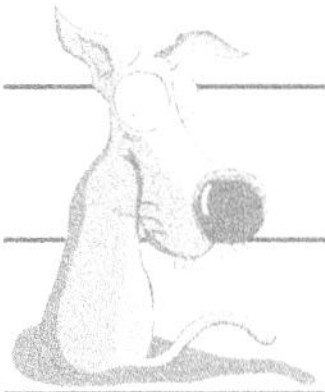

Puzzle# 26

	1	4			3			
5		8				1		
				6				2
	2		5	3				6
	5						9	
8				1	9		5	
6				5				
		5				4		8
			2			6	3	

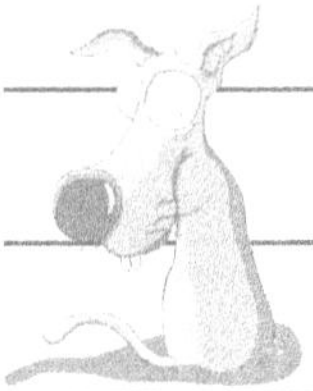

Puzzle# 27

7							6	4
6		9		1			2	
						3		
5			6				3	
2			3		9			6
	3				2			8
		7						
	2			9		8		1
8	1							7

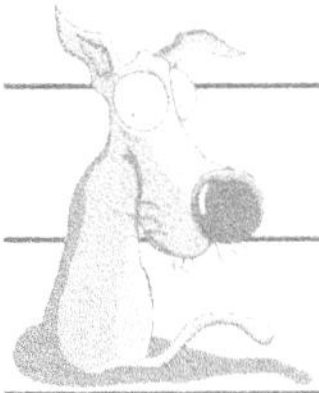

Puzzle# 28

			2		4			
2		9						
4	8		1	7				2
	7		5		1			
		6				5		
			8		2		1	
3				2	5		9	4
						8		6
			4		9			

Puzzle# 29

3	9							2
			1				7	
	1	6			2			
7	4				9			8
			6		7			
5			2				3	7
			3			5	8	
	5				6			
9							1	3

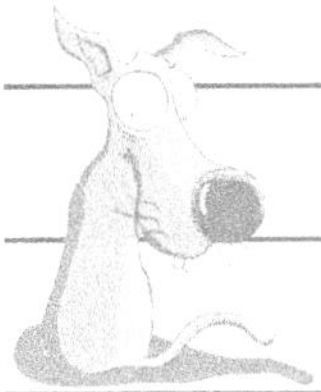

Puzzle# 30

					6	8	9	
				5				6
9			4		1	2		
	7		3					2
		4				3		
6					9		1	
		5	8		2			3
1				3				
	8	2	1					

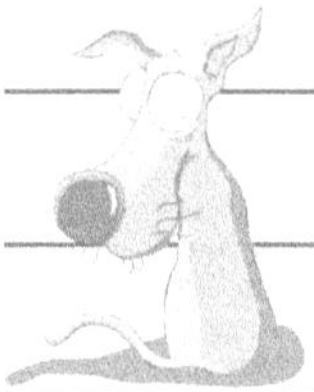

Puzzle# 31

	4					5	3	
3		1			9	7		
	9		2					
	8	4			1			
	1						7	
			7			4	2	
					3		9	
		3	9			6		4
	2	6					5	

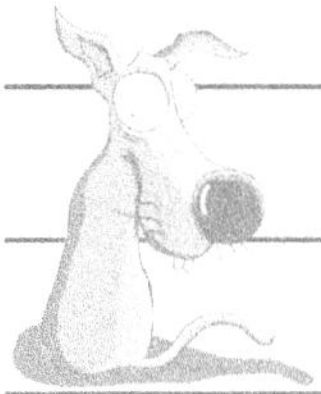

Puzzle# 32

		9				5	6	3
				5				
8	4				1			
	3	2			5			6
				1				
1			9			3	4	
			5				7	1
				3				
9	8	7				2		

Puzzle# 33

9								
8	5				9			
	4	6		7		5		
					6		3	
6		9	5		8	2		7
	3		4					
		7		2		4	9	
			1				6	5
								8

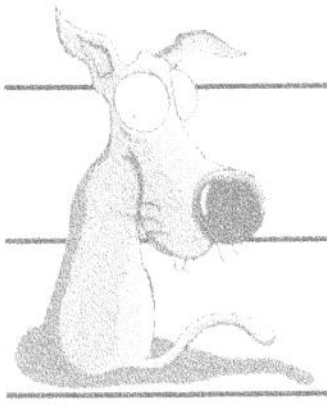

Puzzle# 34

1				8	3		9	
9				1				
5					9	2		
	5				1			3
	6						5	
7			3				8	
		8	7					1
				4				2
	7		1	5				4

Puzzle# 35

		6	1		2			
	7	3						
2				3				4
			6	1	9			2
	1						5	
9			5	2	4			
7				8				1
						9	8	
			4		6	7		

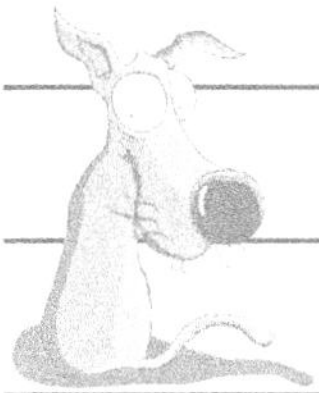

Puzzle# 36

2						4	5	
1	4						6	
		3	9	2				
			2	9				
9		2				5		6
				1	3			
				3	7	9		
	2						3	8
	6	9						4

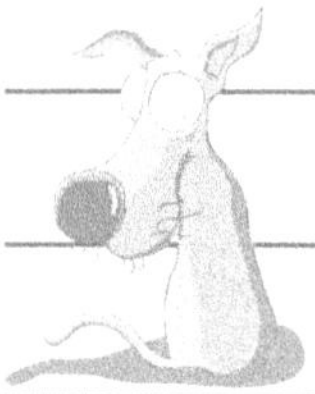

Puzzle# 37

7			2		4	1		
						2	4	
				5			9	
		2	4					
	3		8	6	9		5	
					1	8		
	2			4				
	8	3						
		6	5		7			1

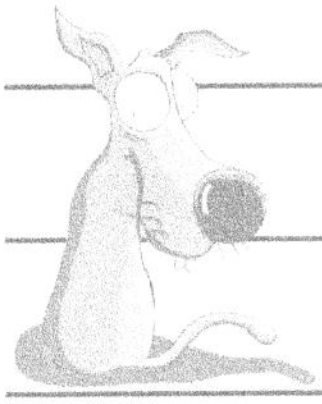

Puzzle# 38

			8		9			
				4			2	5
8				5		3		7
	3	5	4					8
7					8	1	4	
3		4		8				2
5	1			7				
			3		1			

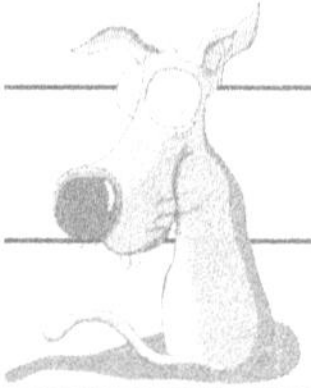

Puzzle# 39

	4	1			5			
				2			9	1
					3	6		8
1		6					2	9
8	7					5		6
2		3	8					
5	1			4				
			5			3	8	

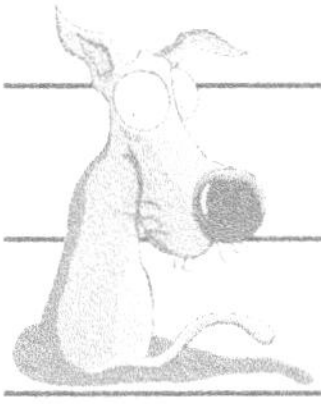

Puzzle# 40

		4			8			
		6			9			
	7		5	6				2
	8		9	2				
9	3						6	1
				3	1		9	
5				9	2		1	
			4			5		
			7			4		

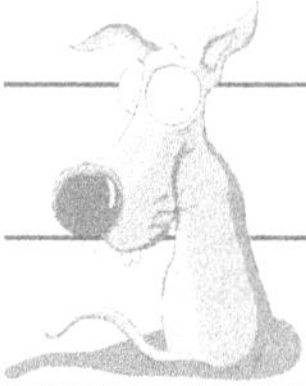

Puzzle# 41

	5	9			6			
3	4							7
				4		5		9
	7				1			8
	9						1	
4			8				7	
2		3		9				
9							2	5
			4			1	9	

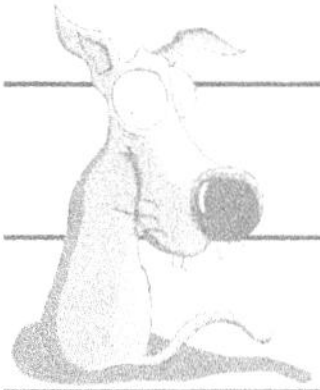

Puzzle# 42

		6			1			
1	4						8	
	3			9	7		2	
					5			3
	2	3				6	1	
5			3					
	1		5	3			4	
	6						3	8
			4			9		

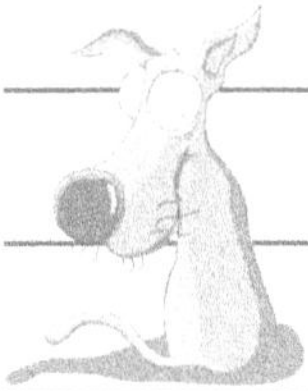

Puzzle# 43

	6		5	8				
7							4	
		1			4	3		2
3		7						
	1		4		6		2	
						1		5
8		2	7			6		
	7							4
				6	3		8	

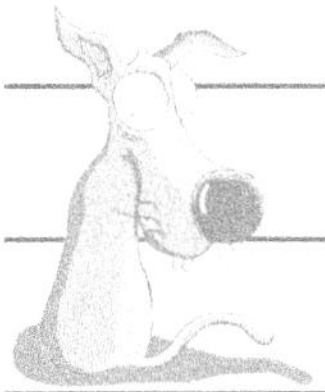

Puzzle# 44

		3			7		1	
					6		9	2
	9					6		
				9		1	2	7
	3						6	
9	5	2		6				
		4					3	
2	7		4					
		8		6		9		

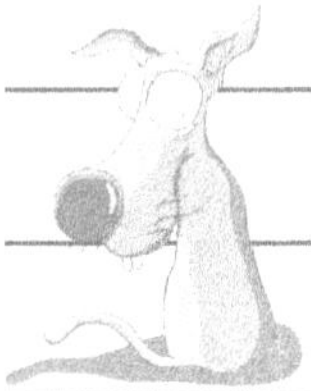

Puzzle# 45

	3		7	8			4	9
	6				3			
	4						3	
			2	4		5		
	4					3		
	7			6	9			
	2						4	
			6				1	
	5	3		2	7		6	

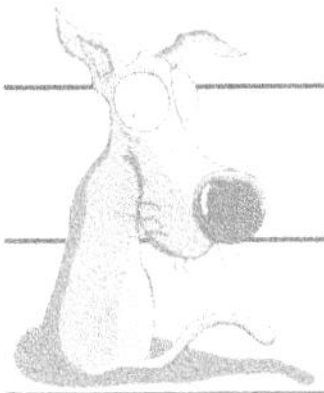

Puzzle# 46

		2	6					9
						4	5	
	5	7			8		3	
	9				3			1
3								4
2			9				6	
	3		4			1	7	
	2	8						
5					6	9		

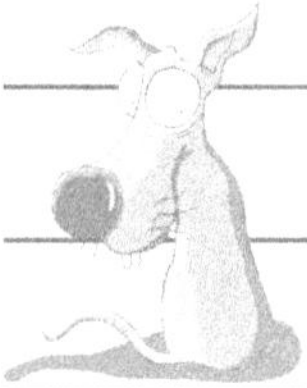

Puzzle# 47

		2						
	1		3					6
6	3			5		2		
8		1		7	3			
			2		5			
			9	4		6		5
	8			1			4	7
7					9		1	
						8		

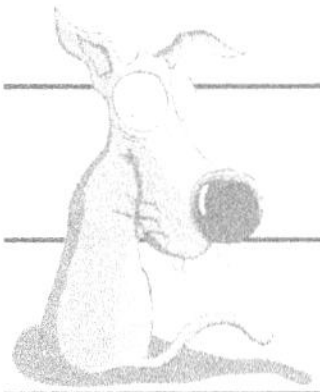

Puzzle# 48

		6	4			1		
				6				
9	5			2		4		
	9		8				7	
	3	1				6	4	
	4				6		3	
		4		1			5	2
				3				
		9			2	7		

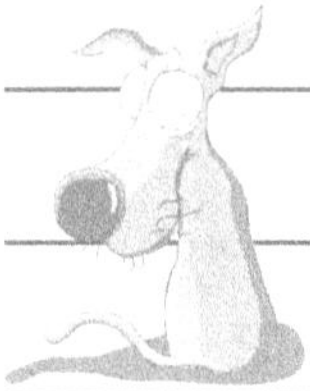

Puzzle# 49

	2		6					
6				9	4			
		9		1		5	8	
	4					3	2	
2								9
	5	7					4	
	3	2		5		7		
			3	8				2
					9		5	

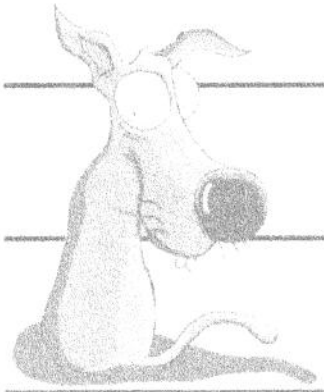

Puzzle# 50

			9	2				3
5	1				6			7
		7			4			
	4	2						
8								9
						6	5	
			6			3		
9			7				4	1
1				9	5			

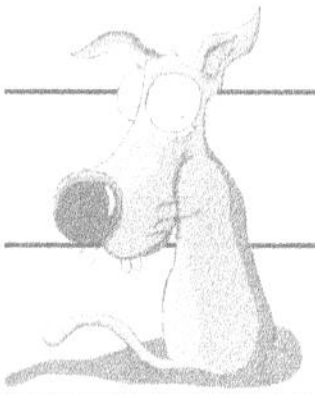

Puzzle# 51

8				9			7	
	7						6	5
	3		2	5				
		3			9			6
	8						4	
9			5			8		
				6	2		8	
3	1						5	
	9			7				1

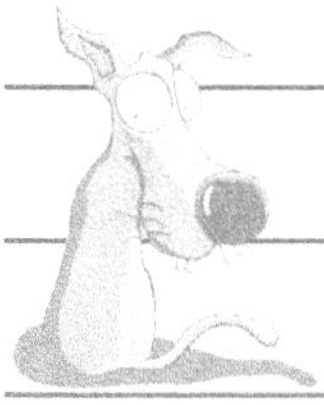

Puzzle# 52

					6	9	7	
	5	4	9				6	
			1	2				3
	9			1				4
5				7			9	
2				4	1			
	4				3	7	5	
	3	6	2					

Puzzle# 53

				2				1
	1	3	8			9		
7						8		
6			3	9		7		
			1		7			
		1		8	2			4
		5						8
		7			4	3	5	
9				3				

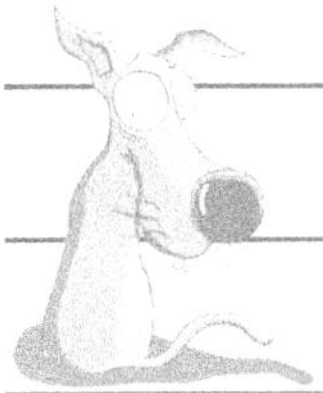

Puzzle# 54

				4	9			5
	6							
4			8			1		
6			2			9		1
	7	9				4	6	
1		5			6			2
		8			4			6
							1	
9			7	5				

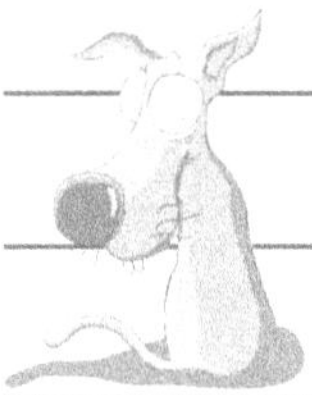

Puzzle# 55

	9				7	4		
				4	1	5	3	
						7		
5				2			8	
4			3		9			7
	7			6				5
		8						
	1	2	6	7				
		6	8				1	

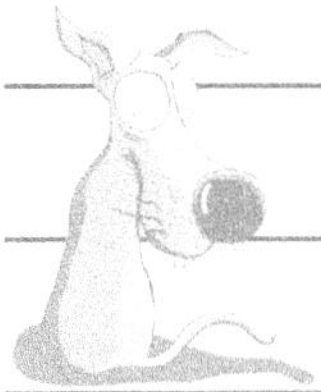

Puzzle# 56

		4	7			5	2	
			2					1
9		3			1			
	1		9			8		
		5				7		
		6			8		9	
			8			2		9
4					5			
	5	9			6	3		

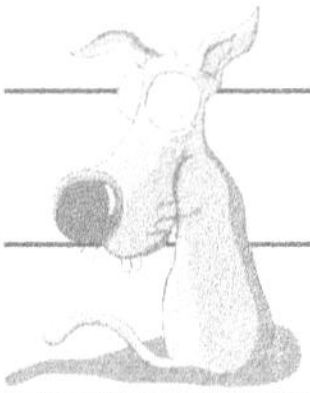

Puzzle# 57

			6		5			9
		4		9				1
5					3			6
				8	7	5		
	2						8	
		1	5	3				
7			8					4
4				7		9		
1			9		6			

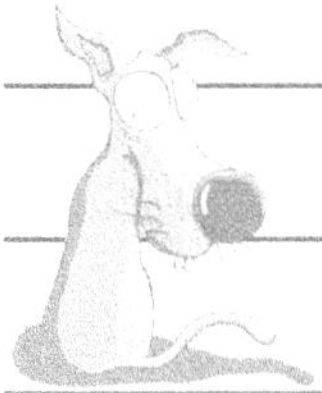

Puzzle# 58

4						8		
		8		7				3
2					6			4
	3				5			8
	9		3		2		4	
1			7				5	
8			4					1
3				9		4		
		6						7

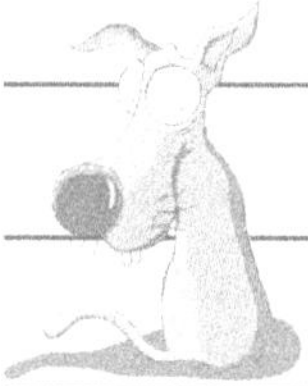

Puzzle# 59

8	4						5	
6		7						
		2		6				4
		3	7	2				
	5						1	
				3	8	7		
3				1		5		
						9		2
	8						7	6

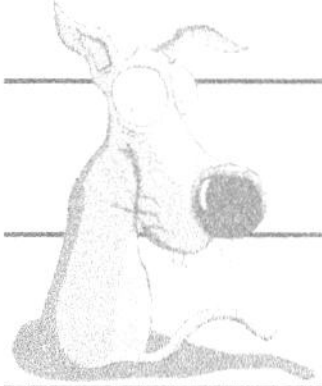

Puzzle# 60

6		2		1	9			
7	1							
				8		4		
1		9				8		
	4		8		1		6	
		3				7		1
		8		9				
							3	7
			5	4		2		9

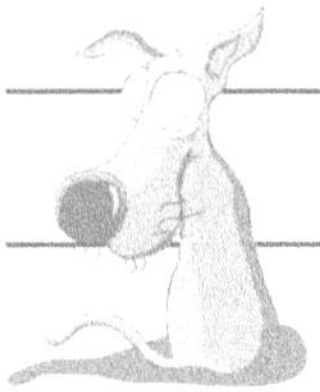

Puzzle# 61

		5	4				3	
				1				
9		2		3		6		
	4			2		5		3
			8		3			
5		1		4			9	
		4		8		7		5
				7				
	5				1	8		

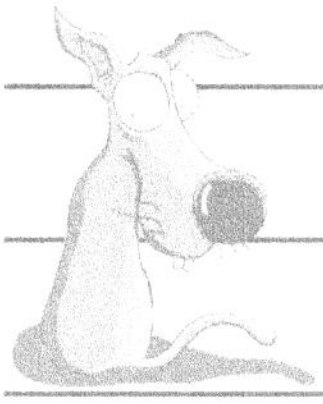

Puzzle# 62

								3
				2	7		1	9
	4				1	8		
5		1		3				
		4				5		
				5		4		2
		9	6				8	
3	6		5	9				
2								

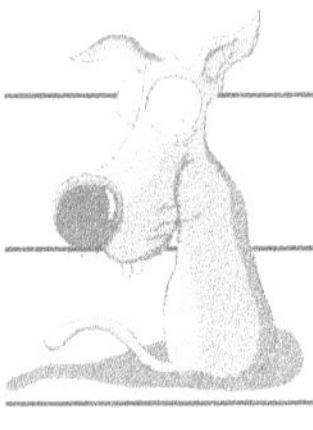

Puzzle# 63

	7				5	1		
		5				8		2
			8			6	3	
7				1	4			
9								7
			6	2				3
	8	7			2			
2		1				4		
		6	1				2	

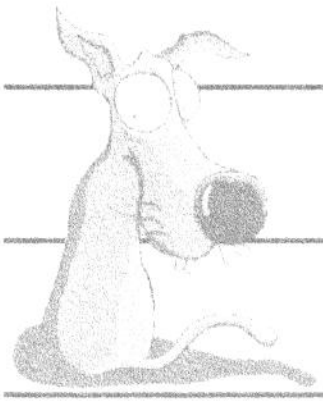

Puzzle# 64

	5			4				2
			1		8		4	
			2					8
		6			9			3
8				3				6
2			8			9		
6					5			
	9		6		2			
5				1			9	

Puzzle# 65

				1	5		7	9
	5					3		
			7			6		
6				3				
	3	9		2		7	5	
				4				2
		5			3			
		8					2	
9	2		6	7				

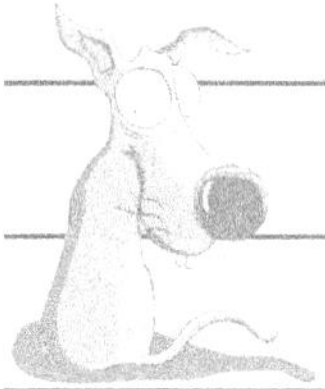

Puzzle# 66

			9	8				
6		4	9	8				
8		2	4		1			
	6	8			9			5
		1				4		
2			6			1	8	
			8		2	5		6
				7	5	3		2

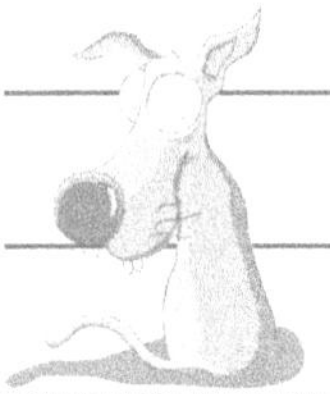

Puzzle# 67

8	1	5	3				9	
6								
3			2					4
	8		4					2
	9						7	
4					2		1	
1					6			3
								1
	2				7	6	4	8

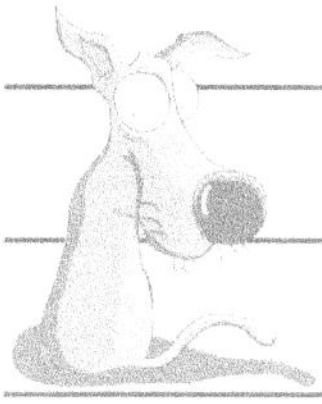

Puzzle# 68

		6		8				9
	2			4	7			
					9	6		
5		8						
	4	1				7	3	
						4		2
		3	9					
			8	3			6	
9				2		8		

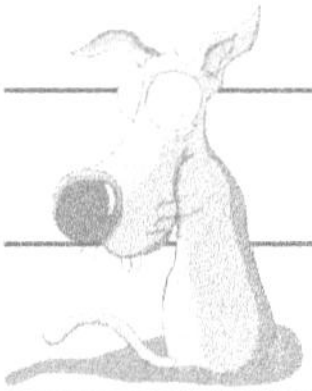

Puzzle# 69

2				9				8
5	8	9						
			1	8				
		1		7	2	4		9
4		6	5	3		2		
				4	7			
						1	8	7
7				6				2

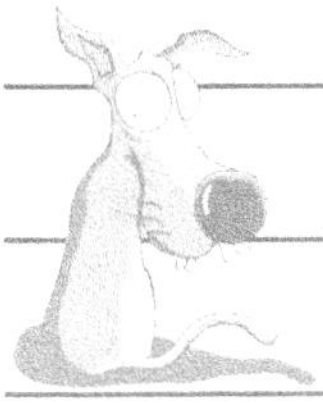

Puzzle# 70

	5							9
	3			4			8	
		4			2			7
			8	6		1		
4				1				6
		1		5	4			
9			5			3		
	2			3		9		
7							1	

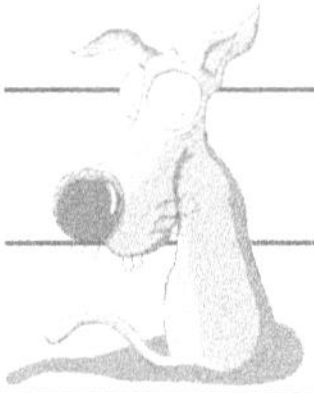

Puzzle# 71

	8	3			4		1	
			3			6		
2					9			3
				8			9	7
			4		2			
8	4			9				
3			7					2
		4			5			
	6		8			5	7	

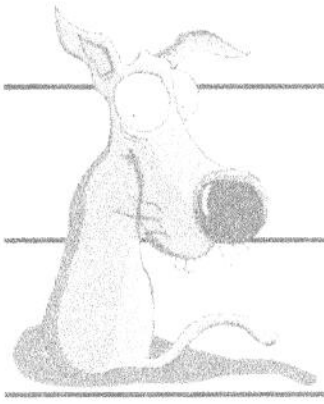

Puzzle# 72

3							2	
2		1	4			9		7
7					5			
		3					6	
		4	6		9	7		
	8					4		
			5					8
8		7			1	3		4
	9							2

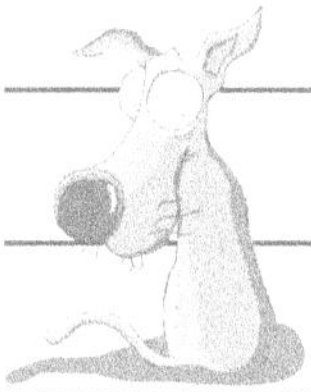

Puzzle# 73

6					1	8		
5		7	3					2
				5				6
				7	5	4	2	
	9	3	1	8				
8				9				
3					6	2		4
		6	4					5

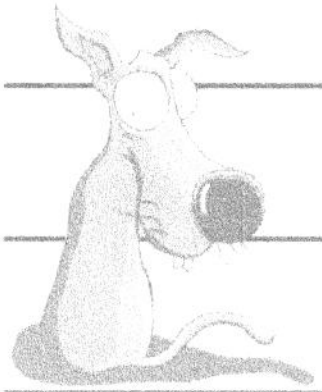

Puzzle# 74

9			8	7				
	5			2	4			
		7						4
	3						9	7
7			3		6			5
5	6						3	
3						9		
			2	9			8	
				4	5			2

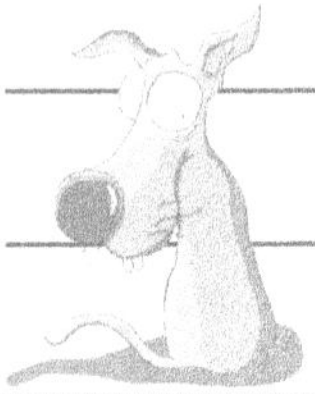

Puzzle# 75

4			6					
				7	5		6	
		3	9		4			
			3				5	7
7		4				6		2
8	5				7			
			4		8	3		
	6		5	1				
					6			8

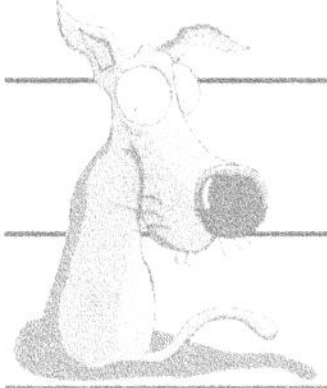

Puzzle# 76

2		9			4		7	
	5	3						
				1	7			
3		5			1	8		
				2				
		1	4			7		2
			2	4				
						9	3	
	7		5			4		8

Puzzle# 77

					2			
		6	1					5
		1			7		4	6
4	6					9		
			6		3			
		7					2	1
9	3		2			8		
5					8	3		
			7					

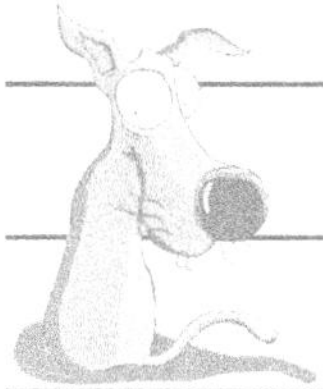

Puzzle# 78

	4		7		5			
		6			2	5		
		2		9		4		3
	6							
	5		3		7		6	
							8	
7		9		8		1		
		4	6			2		
			9		3		4	

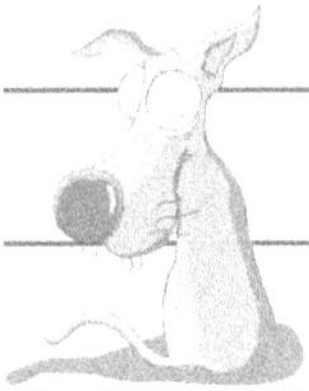

Puzzle# 79

		4	3	5		8		
					1	7		
				7			9	
8		9	4					2
	1						3	
2					5	1		8
	4			3				
		8	7					
		5		6	4	9		

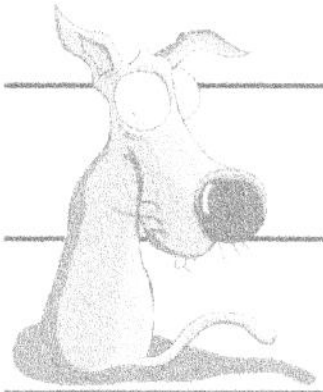

Puzzle# 80

			2	3		6		1
1	9						4	2
	4		9	7			5	
		3				7		
	6			8	4		3	
4	2						1	8
5		8		9	2			

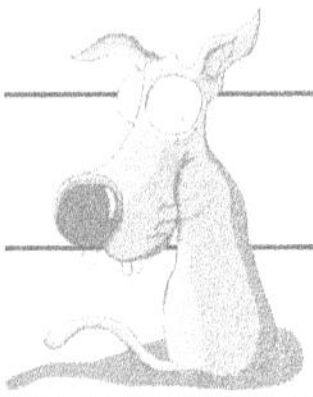

Puzzle# 81

						6		
9			2	3				8
					5	9	4	3
				6			3	7
		9				1		
2	8			7				
5	6	8	4					
7				1	6			5
		4						

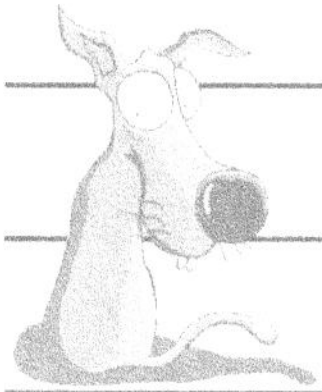

Puzzle# 82

				4	5	9		
		1	9		2			
	8							6
	7			1	3			
8		9				2		4
			2	9			5	
6							7	
			8		9	3		
		2	3	7				

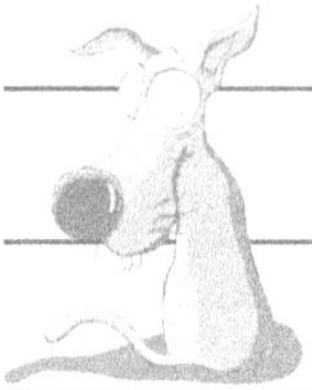

Puzzle# 83

8			5	1				
		9		8				
	5				3	7	8	
7						9	3	1
4	1	3						2
	3	5	4				2	
				7		5		
				3	5			6

Puzzle# 84

				4	5		2	8
		2		9				5
			8			9		
5		1				8	6	
	3	8				1		4
		9			1			
3				7		6		
7	4		9	3				

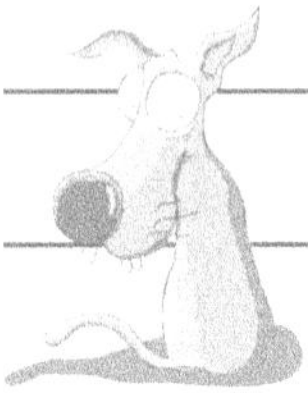

Puzzle# 85

	4	8		5				
5						1		
				8	1	9		
6				2			8	
	1		8		3		6	
	7			6				9
	1	5	7					
		2						6
				3		7	2	

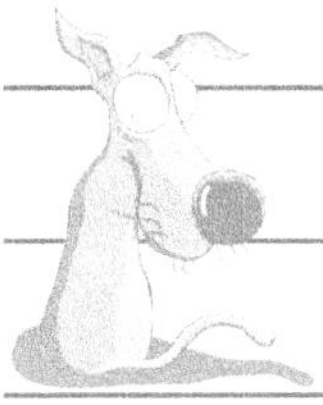

Puzzle# 86

	4			8			3	
						6	2	1
3					5			
	5					4		9
		7	1		4	3		
9		4					8	
			6					2
1	3	5						
	2			5			9	

Puzzle# 87

			4		3	6		
			8				7	
	6					3		1
	5			7	4			
6		7				4		8
			6	5			3	
5		2					1	
	4				7			
		8	3		2			

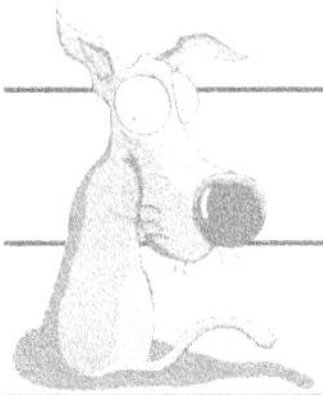

Puzzle# 88

		5	4	6				
	9	2	8				6	
				1			4	3
					2			8
		6				4		
7			5					
8	1			5				
	4				6	8	3	
				3	8	5		

Puzzle# 89

5	3	2						6
1								4
		6		5				9
					4	7		
6		5			7			1
		9	1					
2				8		5		
9								7
7						1	6	8

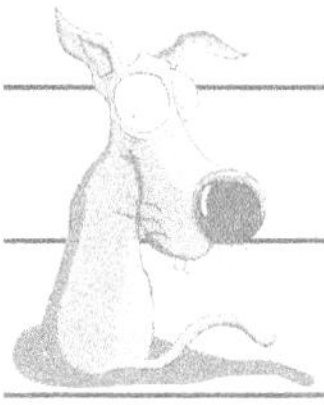

Puzzle# 90

	1	9			3			
		4		2				3
				5				
4		5	3				9	
9			6		8			4
	7				5	6		2
				8				
7				9		1		
			4			5	7	

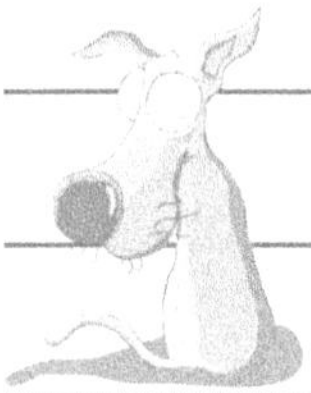

Puzzle# 91

2		7		4				
				8		2		9
		6						8
		3			4		6	
4	7						9	2
	1		3			8		
7						4		
5		8		7				
				9		1		7

Puzzle# 92

					3		9	
9			8	7		2	3	
		8						1
		6	3	8			5	
	5			4	1	9		
1						4		
	7	5		1	8			6
	6		4					

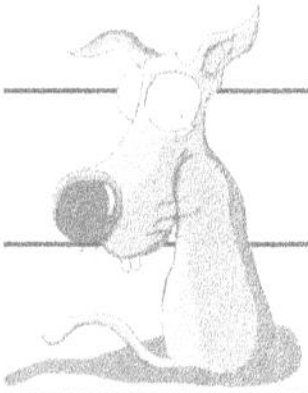

Puzzle# 93

					8		4	7
	8	3			2	1		
		9		5				
		8		1			3	
6								2
	9			2		8		
				4		5		
		7	5			3	1	
1	4		3					

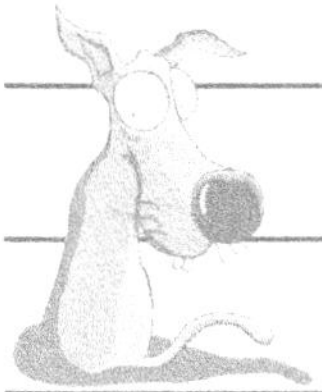

Puzzle# 94

	1	4		9	3			
	9							
				8	4			3
		6			7	5		1
	4						9	
3		7	6			2		
4			5	6				
							1	
			3	4		8	2	

Puzzle# 95

6			4	3			9	
				8		6		1
9		3						
7		2			8			
				9				
			6			5		4
						3		2
2		6		1				
	8			5	3			7

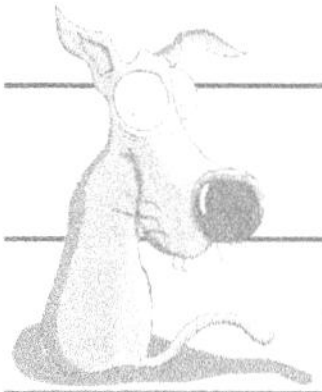

Puzzle# 96

	3							
	2		7	4		6		8
7			9					
	6	9		1				
		8				5		
				7		4	6	
					5			3
6		1		8	9		7	
							5	

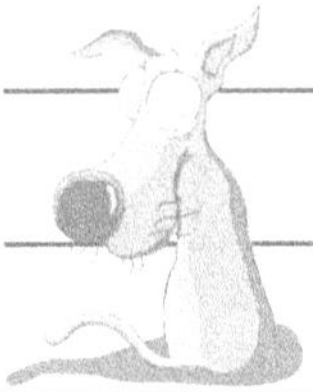

Puzzle# 97

		8			6		2	
6		2	8		9			
						6		
	7		9		3			
	3	6				2	7	
			5		7		8	
		1						
			3		8	1		9
	8		1			3		

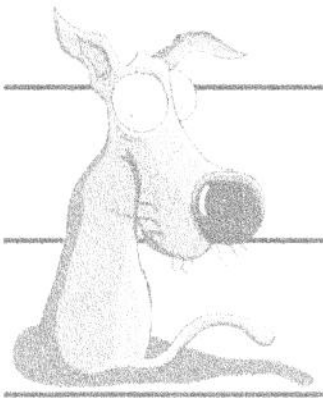

Puzzle# 98

				9		6		
	3		7		5			
		6		1	2		9	
							5	9
8	6						4	3
3	7							
	9		3	8		4		
			5		1		2	
		8		2				

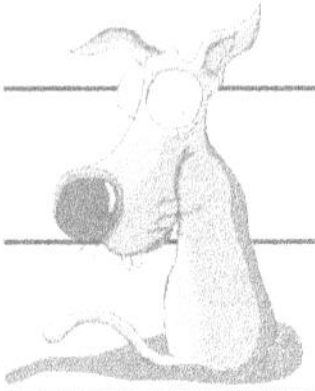

Puzzle# 99

8			9			6		
			1	7		2		
					2		8	5
9		4						3
1								4
5						7		1
2	9		7					
		7		4	1			
		3			5			6

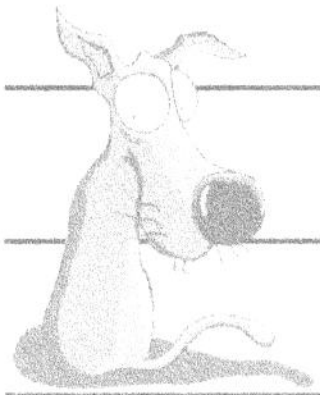

Puzzle# 100

	6	8					9		
		3	5						
	5				2	8	1		
	4				7	9			
		2					6		
				2	3			9	
		7	6	1				8	
						7	4		
		9					3	1	

Puzzle# 101

9								
	2	4					5	9
6				3			2	
			6	1			7	2
	6						8	
2	3			7	5			
	5			6				7
1	8					4	9	
								1

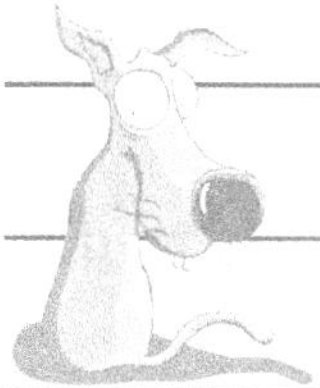

Puzzle# 102

6		5	9		4		8	
					7			
	9	4						
		3		8				7
2			4		1			9
1				6		2		
						3	2	
			2					
	2		1		5	7		8

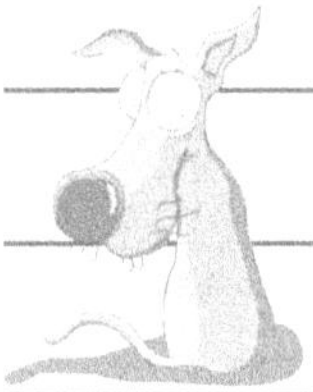

Puzzle# 103

		9				5	2	
4					1			
	8	5		3			1	
	4							9
		6	8		3	1		
2							7	
	2			5		9	4	
			6					8
	1	4				7		

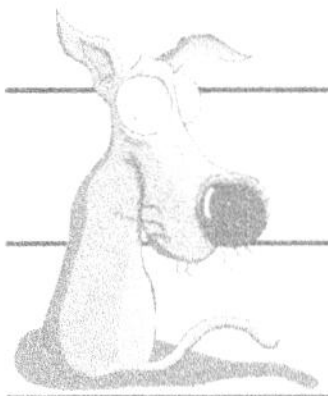

Puzzle# 104

7					3	4	5	
				6			2	
					9			8
		2	3					9
	4		7		8		6	
9					2	5		
6			9					
	1			5				
	7	5	2					6

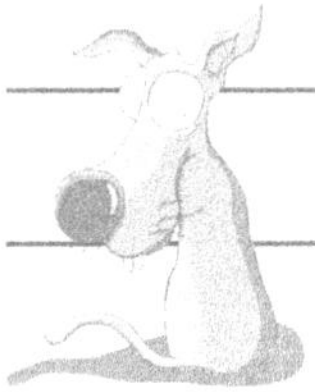

Puzzle# 105

			7		2			
		8						5
		5	3				2	9
3					9			6
	4	2				7	3	
6			4					8
7	2				1	4		
5						8		
			6		3			

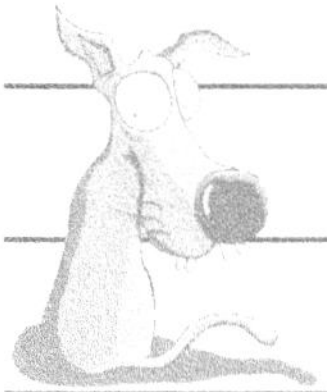

Puzzle# 106

5		9	7	6			1	
7	1							
2					8		6	
8			9					
	3						5	
					1			4
	7		4					5
							3	6
	5			1	3	2		7

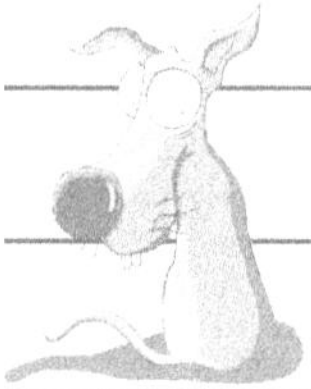

Puzzle# 107

6	9	7		3				
8		5	4	2			3	
							8	
2		9	3					
					8	6		1
	4							
	2			8	6	5		7
				5		2	1	3

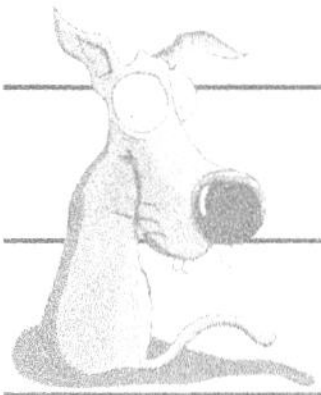

Puzzle# 108

	4							6
2		8	4			5		
1				9	5			
				4	6		1	
	8						3	
	9		7	2				
			9	5				2
		7			4	3		5
6							4	

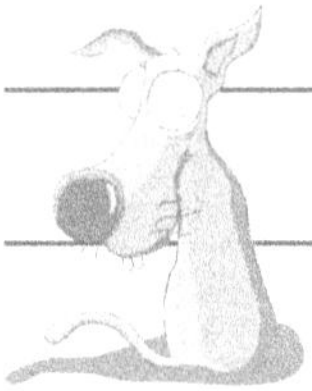

Puzzle# 109

	3			2			7	5
1					6	4		
					5			
3					1	8		7
		7				6		
2		1	8					9
			2					
		5	9					8
4	9			1			3	

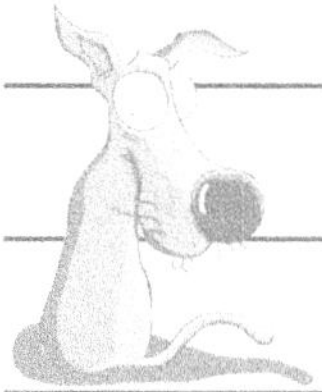

Puzzle# 110

		9			7	6	4	
1	7			9		2		
		8						
					9			1
	2	1				3	5	
6			8					
						9		
		3		5			8	2
	1	2	9			5		

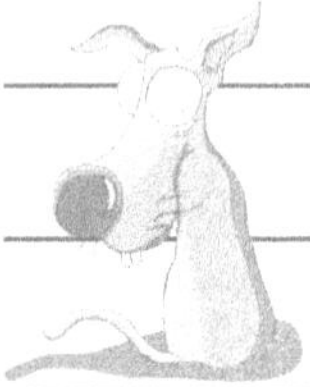

Puzzle# 111

2	7							4
9	3		6				5	
6					1	2		
		2		5				1
8				9		7		
		3	9					2
	4				2		6	3
1							9	8

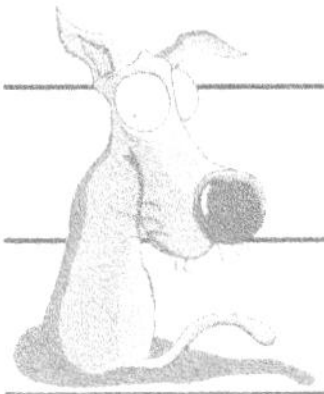

Puzzle# 112

	6		4					5
2							9	
		3	2	1				
				3		9	6	4
4								7
1	8	6		4				
				7	2	8		
	2							6
9					6		5	

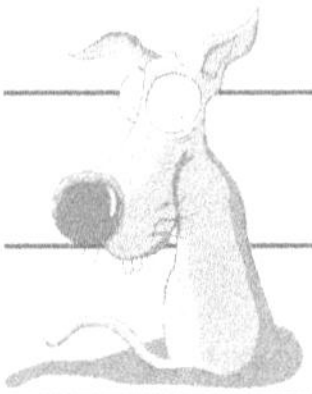

Puzzle# 113

		5		2			4	
8		9	5			3		
4								
			9	5			2	
		4				5		
	9			3	1			
								9
		8			9	2		1
	6			4		8		

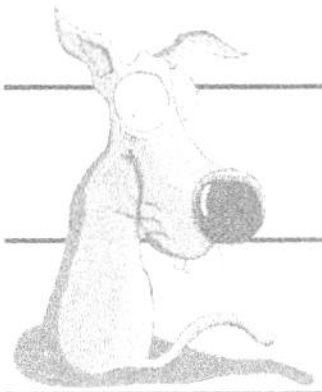

Puzzle# 114

		5	6	3		9		
		7					2	6
	6		2					
	9	2	7					
1								9
					3	4	5	
					4		3	
3	5					6		
		1		9	6	2		

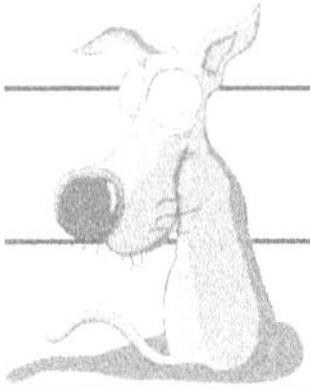

Puzzle# 115

			4					6
3			6					8
		7			8	2		
	8	9			2			
		6		4		7		
			3			6	8	
		8	7			1		
5					9			4
1					4			

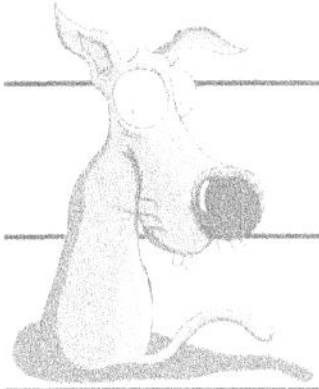

Puzzle# 116

5			8			4	9	
					9		5	
7		6	2					
		8		9		7		
		4		8				
		1		7		6		
					4	3		2
	3		6					
	6	2			3			8

Puzzle# 117

			9					3
3				7				
	9	4		3	6			
5				1		6		
	6		3		8		7	
		2		5				1
			4	8		5	6	
				6				4
9					1			

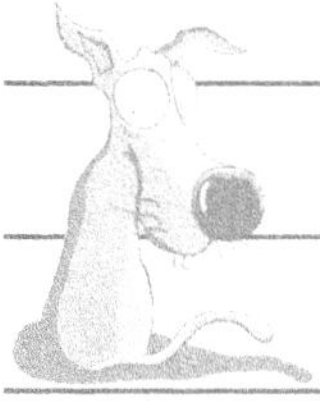

Puzzle# 118

7	1		2	9			5	
				8			2	
2								
6					1	4		
		9	3		2	6		
		3	9					8
								4
	7			6				
	5			1	9		8	2

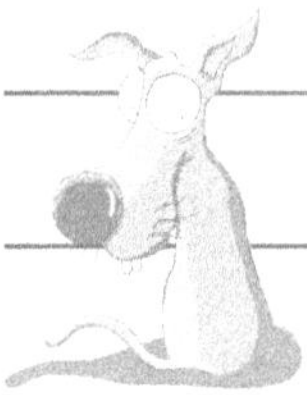

Puzzle# 119

3				5				
			8				9	1
		4		9		8	2	
	9		2			1	6	
	2	5			6		8	
	5	1		2		6		
8	3				1			
				7				3

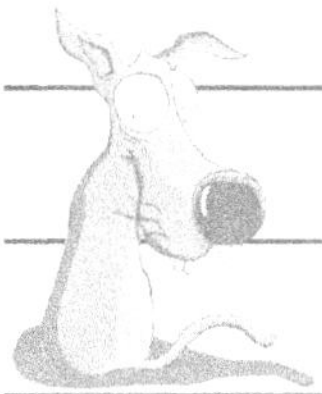

Puzzle# 120

6			1		3	7		
	8		9	2				
						8	6	
	6					5	3	7
1	7	2					9	
	2	4						
				9	5		1	
		6	2		7			8

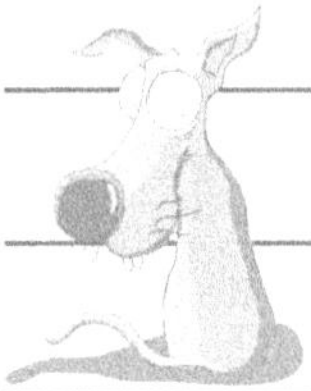

Solution

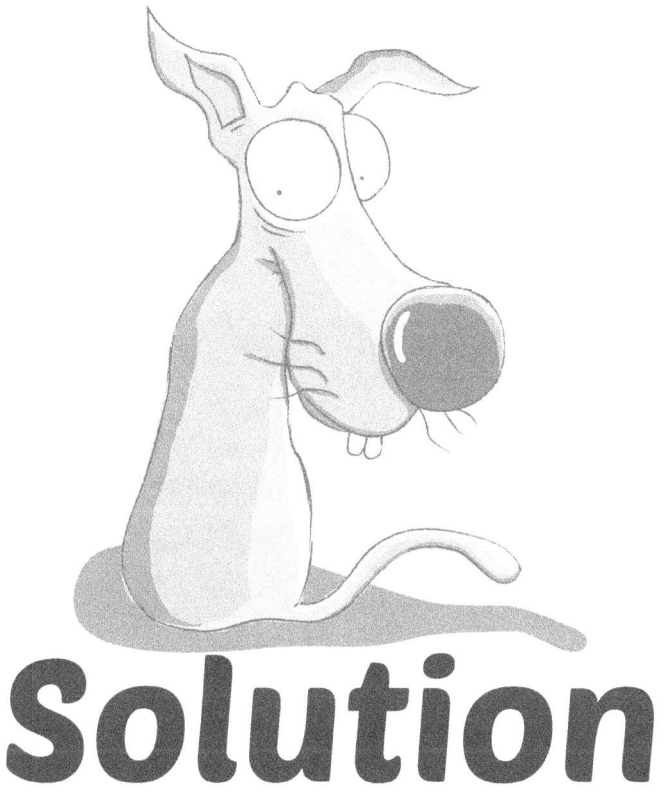

Solution# 1

1	2	3	4	5	6	7	8	9
9	4	8	3	2	7	5	6	1
6	5	7	1	8	9	2	3	4
2	6	9	8	7	1	3	4	5
4	3	1	2	9	5	6	7	8
8	7	5	6	3	4	1	9	2
5	1	4	7	6	8	9	2	3
3	9	6	5	4	2	8	1	7
7	8	2	9	1	3	4	5	6

Solution# 2

8	6	5	3	9	7	4	2	1
7	3	4	2	6	1	8	5	9
9	1	2	5	4	8	6	3	7
3	5	6	7	8	9	2	1	4
4	2	7	1	3	5	9	6	8
1	9	8	4	2	6	3	7	5
5	4	9	6	7	3	1	8	2
2	7	3	8	1	4	5	9	6
6	8	1	9	5	2	7	4	3

Solution# 3

8	9	5	3	1	7	2	6	4
1	6	2	5	8	4	7	9	3
3	7	4	9	2	6	8	1	5
2	5	9	8	7	3	6	4	1
6	8	1	4	9	2	5	3	7
7	4	3	1	6	5	9	2	8
9	3	8	2	5	1	4	7	6
4	2	7	6	3	8	1	5	9
5	1	6	7	4	9	3	8	2

Solution# 4

6	2	5	1	8	7	3	9	4
4	8	1	6	9	3	5	2	7
7	3	9	4	5	2	6	8	1
8	1	6	5	7	4	9	3	2
2	9	4	3	6	1	8	7	5
3	5	7	9	2	8	1	4	6
9	4	8	2	1	6	7	5	3
1	7	3	8	4	5	2	6	9
5	6	2	7	3	9	4	1	8

Solution# 5

9	7	4	3	6	1	2	5	8
6	3	2	5	8	7	1	9	4
5	8	1	4	2	9	3	6	7
4	9	5	8	1	6	7	3	2
2	6	3	7	5	4	8	1	9
7	1	8	9	3	2	5	4	6
8	5	9	2	4	3	6	7	1
3	4	6	1	7	8	9	2	5
1	2	7	6	9	5	4	8	3

Solution# 6

1	4	3	9	8	7	6	2	5
6	2	9	1	3	5	4	7	8
7	5	8	4	6	2	1	9	3
8	6	1	3	2	9	5	4	7
2	3	7	5	1	4	8	6	9
5	9	4	8	7	6	2	3	1
4	1	2	7	9	8	3	5	6
3	7	6	2	5	1	9	8	4
9	8	5	6	4	3	7	1	2

Solution# 7

1	3	4	2	6	8	7	9	5
5	2	7	3	1	9	6	4	8
9	8	6	7	4	5	3	1	2
6	5	3	8	9	1	2	7	4
4	9	8	6	7	2	5	3	1
7	1	2	4	5	3	8	6	9
3	6	9	5	2	4	1	8	7
8	4	5	1	3	7	9	2	6
2	7	1	9	8	6	4	5	3

Solution# 8

7	3	9	8	6	1	4	5	2
4	5	6	2	9	7	1	8	3
2	8	1	4	5	3	6	9	7
9	2	5	3	1	6	7	4	8
6	4	7	9	8	5	2	3	1
3	1	8	7	4	2	9	6	5
1	9	4	5	2	8	3	7	6
8	7	2	6	3	4	5	1	9
5	6	3	1	7	9	8	2	4

Solution# 9

5	3	7	6	2	4	9	8	1
6	8	2	1	7	9	5	3	4
1	9	4	8	5	3	2	6	7
2	1	5	3	6	8	7	4	9
8	4	9	2	1	7	6	5	3
3	7	6	9	4	5	1	2	8
9	2	1	4	8	6	3	7	5
7	6	8	5	3	1	4	9	2
4	5	3	7	9	2	8	1	6

Solution# 10

6	8	1	2	3	7	5	4	9
3	4	7	5	8	9	6	1	2
5	2	9	4	1	6	3	7	8
9	5	3	1	6	4	2	8	7
8	1	6	7	2	3	4	9	5
2	7	4	9	5	8	1	6	3
4	3	8	6	7	2	9	5	1
7	9	5	3	4	1	8	2	6
1	6	2	8	9	5	7	3	4

Solution# 11

6	7	3	2	1	8	4	5	9
2	8	4	5	6	9	7	1	3
5	9	1	7	4	3	8	6	2
7	5	2	6	3	4	9	8	1
9	3	8	1	2	7	6	4	5
4	1	6	9	8	5	2	3	7
8	6	7	3	9	1	5	2	4
3	4	9	8	5	2	1	7	6
1	2	5	4	7	6	3	9	8

Solution# 12

4	6	9	7	8	2	5	1	3
1	8	2	5	3	4	6	7	9
7	5	3	1	9	6	8	4	2
2	7	8	9	6	3	4	5	1
9	1	4	8	5	7	2	3	6
6	3	5	4	2	1	7	9	8
3	4	7	6	1	8	9	2	5
8	9	1	2	4	5	3	6	7
5	2	6	3	7	9	1	8	4

Solution# 13

3	8	6	4	9	2	1	7	5
7	5	1	6	3	8	4	9	2
2	9	4	5	7	1	6	3	8
6	3	2	9	1	4	8	5	7
5	1	7	2	8	6	3	4	9
8	4	9	3	5	7	2	1	6
1	2	8	7	4	9	5	6	3
9	6	5	1	2	3	7	8	4
4	7	3	8	6	5	9	2	1

Solution# 14

5	7	1	2	6	4	8	9	3
8	4	6	9	3	7	1	5	2
9	2	3	8	5	1	4	6	7
1	5	2	4	8	3	9	7	6
7	9	8	6	1	2	3	4	5
3	6	4	5	7	9	2	8	1
6	1	9	3	4	5	7	2	8
2	8	7	1	9	6	5	3	4
4	3	5	7	2	8	6	1	9

Solution# 15

8	2	7	6	1	3	9	4	5
4	5	6	9	2	7	3	8	1
9	3	1	8	4	5	6	7	2
1	9	4	5	8	6	2	3	7
3	8	5	2	7	9	4	1	6
6	7	2	1	3	4	5	9	8
5	1	8	4	9	2	7	6	3
7	6	9	3	5	8	1	2	4
2	4	3	7	6	1	8	5	9

Solution# 16

7	4	2	3	1	6	5	8	9
8	6	1	5	4	9	7	2	3
9	5	3	2	8	7	1	4	6
5	2	8	9	3	1	4	6	7
6	3	7	4	2	5	8	9	1
4	1	9	6	7	8	2	3	5
3	9	4	1	5	2	6	7	8
2	7	5	8	6	3	9	1	4
1	8	6	7	9	4	3	5	2

Solution# 17

2	6	8	3	9	5	1	7	4
5	3	4	7	8	1	2	6	9
1	9	7	2	4	6	5	8	3
7	1	6	8	2	4	9	3	5
4	5	2	6	3	9	8	1	7
9	8	3	5	1	7	4	2	6
8	2	5	9	7	3	6	4	1
3	4	9	1	6	2	7	5	8
6	7	1	4	5	8	3	9	2

Solution# 18

4	3	5	9	2	6	7	1	8
1	7	6	4	5	8	3	9	2
9	2	8	3	7	1	6	4	5
5	9	2	7	3	4	1	8	6
6	1	7	5	8	2	4	3	9
8	4	3	1	6	9	2	5	7
3	8	9	6	4	7	5	2	1
7	5	1	2	9	3	8	6	4
2	6	4	8	1	5	9	7	3

Solution# 19

4	7	5	6	9	2	8	1	3
3	6	2	1	8	5	4	9	7
1	8	9	4	3	7	5	6	2
5	2	4	9	7	8	1	3	6
8	1	7	3	5	6	9	2	4
6	9	3	2	4	1	7	8	5
2	5	1	8	6	4	3	7	9
9	4	6	7	1	3	2	5	8
7	3	8	5	2	9	6	4	1

Solution# 20

7	1	2	5	9	6	8	4	3
4	6	9	8	2	3	1	7	5
5	3	8	4	7	1	9	2	6
9	4	5	1	8	2	6	3	7
6	8	3	9	4	7	2	5	1
1	2	7	3	6	5	4	8	9
8	9	6	7	5	4	3	1	2
2	5	1	6	3	8	7	9	4
3	7	4	2	1	9	5	6	8

Solution# 21

6	1	7	2	3	8	5	9	4
5	3	9	7	6	4	8	2	1
2	4	8	9	1	5	6	7	3
4	8	3	6	7	2	1	5	9
7	5	2	4	9	1	3	6	8
9	6	1	5	8	3	2	4	7
8	9	5	3	2	7	4	1	6
1	7	4	8	5	6	9	3	2
3	2	6	1	4	9	7	8	5

Solution# 22

8	6	3	7	2	1	4	9	5
9	4	7	8	6	5	2	1	3
5	1	2	4	9	3	7	8	6
4	9	8	3	1	7	5	6	2
6	3	1	2	5	9	8	4	7
7	2	5	6	4	8	9	3	1
2	5	9	1	3	4	6	7	8
1	8	6	9	7	2	3	5	4
3	7	4	5	8	6	1	2	9

Solution# 23

9	5	6	1	8	4	3	2	7
8	2	7	6	5	3	9	4	1
3	4	1	2	7	9	8	6	5
1	8	3	7	4	6	2	5	9
6	9	4	5	3	2	1	7	8
5	7	2	8	9	1	4	3	6
4	6	5	9	2	8	7	1	3
2	1	8	3	6	7	5	9	4
7	3	9	4	1	5	6	8	2

Solution# 24

6	9	3	8	5	2	4	1	7
7	5	2	1	4	3	6	8	9
1	4	8	6	9	7	5	2	3
8	7	6	5	2	4	3	9	1
3	2	4	9	6	1	7	5	8
9	1	5	7	3	8	2	4	6
5	8	7	4	1	6	9	3	2
2	6	9	3	8	5	1	7	4
4	3	1	2	7	9	8	6	5

Solution# 25

9	8	5	2	3	6	7	4	1
6	2	7	5	1	4	8	3	9
3	1	4	8	9	7	5	2	6
1	7	6	4	8	2	3	9	5
2	5	3	7	6	9	4	1	8
8	4	9	3	5	1	6	7	2
7	6	2	1	4	5	9	8	3
5	3	1	9	7	8	2	6	4
4	9	8	6	2	3	1	5	7

Solution# 26

2	1	4	7	8	3	5	6	9
5	6	8	4	9	2	1	7	3
3	9	7	1	6	5	8	4	2
9	2	1	5	3	4	7	8	6
4	5	6	8	2	7	3	9	1
8	7	3	6	1	9	2	5	4
6	4	2	3	5	8	9	1	7
1	3	5	9	7	6	4	2	8
7	8	9	2	4	1	6	3	5

Solution# 27

7	8	3	9	2	5	1	6	4
6	4	9	8	1	3	7	2	5
1	5	2	4	6	7	3	8	9
5	9	1	6	7	8	4	3	2
2	7	8	3	4	9	5	1	6
4	3	6	1	5	2	9	7	8
9	6	7	5	8	1	2	4	3
3	2	4	7	9	6	8	5	1
8	1	5	2	3	4	6	9	7

Solution# 28

7	3	1	2	9	4	6	8	5
2	6	9	3	5	8	4	7	1
4	8	5	1	7	6	9	3	2
8	7	3	5	4	1	2	6	9
1	2	6	9	3	7	5	4	8
5	9	4	8	6	2	3	1	7
3	1	8	6	2	5	7	9	4
9	4	2	7	1	3	8	5	6
6	5	7	4	8	9	1	2	3

Solution# 29

3	9	7	8	6	5	1	4	2
4	2	5	1	9	3	8	7	6
8	1	6	4	7	2	3	9	5
7	4	1	5	3	9	2	6	8
2	3	8	6	4	7	9	5	1
5	6	9	2	1	8	4	3	7
6	7	4	3	2	1	5	8	9
1	5	3	9	8	6	7	2	4
9	8	2	7	5	4	6	1	3

Solution# 30

4	5	3	7	2	6	8	9	1
8	2	1	9	5	3	4	7	6
9	6	7	4	8	1	2	3	5
5	7	9	3	1	8	6	4	2
2	1	4	6	7	5	3	8	9
6	3	8	2	4	9	5	1	7
7	4	5	8	9	2	1	6	3
1	9	6	5	3	4	7	2	8
3	8	2	1	6	7	9	5	4

Solution# 31

8	4	2	1	7	6	5	3	9
3	6	1	5	8	9	7	4	2
5	9	7	2	3	4	8	1	6
7	8	4	3	2	1	9	6	5
2	1	9	4	6	5	3	7	8
6	3	5	7	9	8	4	2	1
4	5	8	6	1	3	2	9	7
1	7	3	9	5	2	6	8	4
9	2	6	8	4	7	1	5	3

Solution# 32

2	1	9	8	7	4	5	6	3
6	7	3	2	5	9	8	1	4
8	4	5	3	6	1	9	2	7
7	3	2	4	8	5	1	9	6
4	9	8	6	1	3	7	5	2
1	5	6	9	2	7	3	4	8
3	2	4	5	9	8	6	7	1
5	6	1	7	3	2	4	8	9
9	8	7	1	4	6	2	3	5

Solution# 33

9	7	3	8	5	4	6	1	2
8	5	1	2	6	9	3	7	4
2	4	6	3	7	1	5	8	9
5	2	4	7	9	6	8	3	1
6	1	9	5	3	8	2	4	7
7	3	8	4	1	2	9	5	6
1	8	7	6	2	5	4	9	3
4	9	2	1	8	3	7	6	5
3	6	5	9	4	7	1	2	8

Solution# 34

1	2	4	5	8	3	7	9	6
9	8	6	2	1	7	3	4	5
5	3	7	4	6	9	2	1	8
8	5	9	6	7	1	4	2	3
2	6	3	8	9	4	1	5	7
7	4	1	3	2	5	6	8	9
4	9	8	7	3	2	5	6	1
3	1	5	9	4	6	8	7	2
6	7	2	1	5	8	9	3	4

Solution# 35

8	9	6	1	4	2	3	7	5
4	7	3	9	6	5	2	1	8
2	5	1	8	3	7	6	9	4
5	4	7	6	1	9	8	3	2
6	1	2	3	7	8	4	5	9
9	3	8	5	2	4	1	6	7
7	6	9	2	8	3	5	4	1
3	2	4	7	5	1	9	8	6
1	8	5	4	9	6	7	2	3

Solution# 36

2	9	8	7	6	1	4	5	3
1	4	7	3	8	5	2	6	9
6	5	3	9	2	4	7	8	1
5	8	1	2	9	6	3	4	7
9	3	2	4	7	8	5	1	6
4	7	6	5	1	3	8	9	2
8	1	4	6	3	7	9	2	5
7	2	5	1	4	9	6	3	8
3	6	9	8	5	2	1	7	4

Solution# 37

7	6	5	2	9	4	1	8	3
3	9	8	1	7	6	2	4	5
2	1	4	3	5	8	6	9	7
8	7	2	4	3	5	9	1	6
4	3	1	8	6	9	7	5	2
6	5	9	7	2	1	8	3	4
1	2	7	9	4	3	5	6	8
5	8	3	6	1	2	4	7	9
9	4	6	5	8	7	3	2	1

Solution# 38

2	5	7	8	3	9	4	6	1
6	9	3	1	4	7	8	2	5
8	4	1	6	5	2	3	9	7
1	3	5	4	2	6	9	7	8
4	8	9	7	1	3	2	5	6
7	2	6	5	9	8	1	4	3
3	6	4	9	8	5	7	1	2
5	1	8	2	7	4	6	3	9
9	7	2	3	6	1	5	8	4

Solution# 39

6	4	1	9	8	5	2	7	3
3	8	5	6	2	7	4	9	1
7	2	9	4	1	3	6	5	8
1	3	6	7	5	4	8	2	9
9	5	2	1	6	8	7	3	4
8	7	4	2	3	9	5	1	6
2	9	3	8	7	6	1	4	5
5	1	8	3	4	2	9	6	7
4	6	7	5	9	1	3	8	2

Solution# 40

2	5	4	1	7	8	9	3	6
3	1	6	2	4	9	8	7	5
8	7	9	5	6	3	1	4	2
6	8	1	9	2	7	3	5	4
9	3	7	8	5	4	2	6	1
4	2	5	6	3	1	7	9	8
5	4	8	3	9	2	6	1	7
7	9	2	4	1	6	5	8	3
1	6	3	7	8	5	4	2	9

Solution# 41

7	5	9	3	2	6	8	4	1
3	4	8	1	5	9	2	6	7
1	2	6	7	4	8	5	3	9
6	7	2	9	3	1	4	5	8
8	9	5	2	7	4	3	1	6
4	3	1	8	6	5	9	7	2
2	1	3	5	9	7	6	8	4
9	8	4	6	1	3	7	2	5
5	6	7	4	8	2	1	9	3

Solution# 42

2	7	6	8	4	1	3	5	9
1	4	9	2	5	3	7	8	6
8	3	5	6	9	7	1	2	4
6	8	7	1	2	5	4	9	3
4	2	3	7	8	9	6	1	5
5	9	1	3	6	4	8	7	2
9	1	8	5	3	6	2	4	7
7	6	4	9	1	2	5	3	8
3	5	2	4	7	8	9	6	1

Solution# 43

4	6	3	5	8	2	9	7	1
7	2	5	3	1	9	8	4	6
9	8	1	6	7	4	3	5	2
3	9	7	2	5	1	4	6	8
5	1	8	4	9	6	7	2	3
2	4	6	8	3	7	1	9	5
8	3	2	7	4	5	6	1	9
6	7	9	1	2	8	5	3	4
1	5	4	9	6	3	2	8	7

Solution# 44

6	2	3	9	8	7	4	1	5
4	1	8	5	3	6	7	9	2
7	9	5	1	2	4	6	8	3
8	4	6	3	9	5	1	2	7
1	3	7	2	4	8	5	6	9
9	5	2	7	6	1	3	4	8
5	6	4	8	7	9	2	3	1
2	7	9	4	1	3	8	5	6
3	8	1	6	5	2	9	7	4

Solution# 45

1	3	5	7	8	6	4	9	2
9	6	2	4	1	3	8	5	7
7	4	8	9	5	2	6	3	1
3	1	6	2	4	8	5	7	9
2	9	4	5	7	1	3	8	6
5	8	7	3	6	9	1	2	4
6	2	1	8	9	5	7	4	3
8	7	9	6	3	4	2	1	5
4	5	3	1	2	7	9	6	8

Solution# 46

8	4	2	6	3	5	7	1	9
1	6	3	2	9	7	4	5	8
9	5	7	1	4	8	2	3	6
4	9	5	7	6	3	8	2	1
3	7	6	8	2	1	5	9	4
2	8	1	9	5	4	3	6	7
6	3	9	4	8	2	1	7	5
7	2	8	5	1	9	6	4	3
5	1	4	3	7	6	9	8	2

Solution# 47

5	8	2	7	9	6	1	3	4
4	1	9	3	2	8	7	5	6
6	3	7	1	5	4	2	9	8
8	5	1	6	7	3	4	2	9
9	4	6	2	8	5	3	7	1
2	7	3	9	4	1	6	8	5
3	6	8	5	1	2	9	4	7
7	2	4	8	6	9	5	1	3
1	9	5	4	3	7	8	6	2

Solution# 48

2	7	6	4	5	8	1	9	3
4	1	3	9	6	7	8	2	5
9	5	8	3	2	1	4	6	7
6	9	2	8	4	3	5	7	1
8	3	1	2	7	5	6	4	9
5	4	7	1	9	6	2	3	8
7	8	4	6	1	9	3	5	2
1	2	5	7	3	4	9	8	6
3	6	9	5	8	2	7	1	4

Solution# 49

3	2	8	6	7	5	9	1	4
6	1	5	8	9	4	2	3	7
4	7	9	2	1	3	5	8	6
9	4	1	7	6	8	3	2	5
2	6	3	5	4	1	8	7	9
8	5	7	9	3	2	6	4	1
1	3	2	4	5	6	7	9	8
5	9	4	3	8	7	1	6	2
7	8	6	1	2	9	4	5	3

Solution# 50

4	8	6	9	2	7	5	1	3
5	1	9	3	8	6	4	2	7
3	2	7	1	5	4	9	8	6
6	4	2	5	7	9	1	3	8
8	5	1	4	6	3	2	7	9
7	9	3	2	1	8	6	5	4
2	7	8	6	4	1	3	9	5
9	6	5	7	3	2	8	4	1
1	3	4	8	9	5	7	6	2

Solution# 51

8	2	5	6	9	1	3	7	4
1	7	9	4	8	3	2	6	5
4	3	6	2	5	7	1	9	8
5	4	3	8	2	9	7	1	6
2	8	1	7	3	6	5	4	9
9	6	7	5	1	4	8	3	2
7	5	4	1	6	2	9	8	3
3	1	2	9	4	8	6	5	7
6	9	8	3	7	5	4	2	1

Solution# 52

1	2	3	4	8	6	9	7	5
8	5	4	9	3	7	2	6	1
6	7	9	1	2	5	4	8	3
3	9	7	6	1	8	5	2	4
4	6	8	5	9	2	3	1	7
5	1	2	3	7	4	8	9	6
2	8	5	7	4	1	6	3	9
9	4	1	8	6	3	7	5	2
7	3	6	2	5	9	1	4	8

Solution# 53

5	8	6	9	2	3	4	7	1
4	1	3	8	7	6	9	2	5
7	9	2	4	5	1	8	3	6
6	4	8	3	9	5	7	1	2
2	5	9	1	4	7	6	8	3
3	7	1	6	8	2	5	9	4
1	3	5	7	6	9	2	4	8
8	6	7	2	1	4	3	5	9
9	2	4	5	3	8	1	6	7

Solution# 54

8	2	7	1	4	9	6	3	5
5	6	1	3	2	7	8	9	4
4	9	3	8	6	5	1	2	7
6	8	4	2	7	3	9	5	1
2	7	9	5	8	1	4	6	3
1	3	5	4	9	6	7	8	2
3	5	8	9	1	4	2	7	6
7	4	2	6	3	8	5	1	9
9	1	6	7	5	2	3	4	8

Solution# 55

8	9	5	2	3	7	4	6	1
6	2	7	9	4	1	5	3	8
1	3	4	5	8	6	7	9	2
5	6	3	7	2	4	1	8	9
4	8	1	3	5	9	6	2	7
2	7	9	1	6	8	3	4	5
3	5	8	4	1	2	9	7	6
9	1	2	6	7	3	8	5	4
7	4	6	8	9	5	2	1	3

Solution# 56

1	6	4	7	8	9	5	2	3
5	7	8	2	3	4	9	6	1
9	2	3	6	5	1	4	7	8
2	1	7	9	6	3	8	4	5
8	9	5	4	1	2	7	3	6
3	4	6	5	7	8	1	9	2
6	3	1	8	4	7	2	5	9
4	8	2	3	9	5	6	1	7
7	5	9	1	2	6	3	8	4

Solution# 57

2	8	7	6	1	5	3	4	9
6	3	4	7	9	8	2	5	1
5	1	9	4	2	3	8	7	6
9	4	6	2	8	7	5	1	3
3	2	5	1	6	9	4	8	7
8	7	1	5	3	4	6	9	2
7	9	3	8	5	2	1	6	4
4	6	8	3	7	1	9	2	5
1	5	2	9	4	6	7	3	8

Solution# 58

4	6	3	2	5	1	8	7	9
5	1	8	9	7	4	6	2	3
2	7	9	8	3	6	5	1	4
6	3	2	1	4	5	7	9	8
7	9	5	3	8	2	1	4	6
1	8	4	7	6	9	3	5	2
8	5	7	4	2	3	9	6	1
3	2	1	6	9	7	4	8	5
9	4	6	5	1	8	2	3	7

Solution# 59

8	4	1	2	9	3	6	5	7
6	9	7	4	8	5	3	2	1
5	3	2	1	6	7	8	9	4
9	6	3	7	2	1	4	8	5
7	5	8	6	4	9	2	1	3
1	2	4	5	3	8	7	6	9
3	7	6	9	1	2	5	4	8
4	1	5	8	7	6	9	3	2
2	8	9	3	5	4	1	7	6

Solution# 60

6	8	2	4	1	9	3	7	5
7	1	4	2	3	5	6	9	8
9	3	5	6	8	7	4	1	2
1	6	9	3	7	2	8	5	4
2	4	7	8	5	1	9	6	3
8	5	3	9	6	4	7	2	1
5	2	8	7	9	3	1	4	6
4	9	6	1	2	8	5	3	7
3	7	1	5	4	6	2	8	9

Solution# 61

6	7	5	4	9	8	1	3	2
4	8	3	2	1	6	9	5	7
9	1	2	7	3	5	6	8	4
8	4	6	1	2	9	5	7	3
7	2	9	8	5	3	4	6	1
5	3	1	6	4	7	2	9	8
3	6	4	9	8	2	7	1	5
1	9	8	5	7	4	3	2	6
2	5	7	3	6	1	8	4	9

Solution# 62

1	7	6	9	8	5	2	4	3
8	3	5	4	2	7	6	1	9
9	4	2	3	6	1	8	7	5
5	9	1	2	3	4	7	6	8
6	2	4	8	7	9	5	3	1
7	8	3	1	5	6	4	9	2
4	5	9	6	1	2	3	8	7
3	6	7	5	9	8	1	2	4
2	1	8	7	4	3	9	5	6

Solution# 63

8	7	3	2	6	5	1	9	4
6	1	5	3	4	9	8	7	2
4	2	9	8	7	1	6	3	5
7	3	2	9	1	4	5	8	6
9	6	4	5	8	3	2	1	7
1	5	8	6	2	7	9	4	3
5	8	7	4	9	2	3	6	1
2	9	1	7	3	6	4	5	8
3	4	6	1	5	8	7	2	9

Solution# 64

1	5	8	9	4	7	3	6	2
3	2	7	1	6	8	5	4	9
9	6	4	2	5	3	1	7	8
4	1	6	5	2	9	7	8	3
8	7	9	4	3	1	2	5	6
2	3	5	8	7	6	9	1	4
6	4	3	7	9	5	8	2	1
7	9	1	6	8	2	4	3	5
5	8	2	3	1	4	6	9	7

Solution# 65

8	4	6	3	1	5	2	7	9
2	5	7	4	6	9	3	8	1
1	9	3	7	8	2	6	4	5
6	8	2	5	3	7	1	9	4
4	3	9	8	2	1	7	5	6
5	7	1	9	4	6	8	3	2
7	1	5	2	9	3	4	6	8
3	6	8	1	5	4	9	2	7
9	2	4	6	7	8	5	1	3

Solution# 66

3	1	9	2	6	7	8	5	4
6	5	4	9	8	3	7	2	1
8	7	2	4	5	1	6	9	3
4	6	8	7	1	9	2	3	5
7	3	1	5	2	8	4	6	9
2	9	5	6	3	4	1	8	7
1	4	3	8	9	2	5	7	6
9	8	6	1	7	5	3	4	2
5	2	7	3	4	6	9	1	8

Solution# 67

8	1	5	3	7	4	2	9	6
6	4	2	1	8	9	5	3	7
3	7	9	2	6	5	1	8	4
5	8	7	4	9	1	3	6	2
2	9	1	6	3	8	4	7	5
4	3	6	7	5	2	8	1	9
1	5	8	9	4	6	7	2	3
7	6	4	8	2	3	9	5	1
9	2	3	5	1	7	6	4	8

Solution# 68

7	5	6	1	8	3	2	4	9
1	2	9	6	4	7	3	8	5
3	8	4	2	5	9	6	7	1
5	3	8	4	7	2	1	9	6
2	4	1	5	9	6	7	3	8
6	9	7	3	1	8	4	5	2
8	7	3	9	6	1	5	2	4
4	1	2	8	3	5	9	6	7
9	6	5	7	2	4	8	1	3

Solution# 69

2	1	3	7	9	4	6	5	8
5	8	9	3	2	6	7	1	4
6	4	7	1	8	5	9	2	3
8	5	1	6	7	2	4	3	9
3	7	2	4	1	9	8	6	5
4	9	6	5	3	8	2	7	1
1	2	5	8	4	7	3	9	6
9	6	4	2	5	3	1	8	7
7	3	8	9	6	1	5	4	2

Solution# 70

6	5	7	1	8	3	4	2	9
2	9	3	7	4	5	6	8	1
8	1	4	6	9	2	5	3	7
5	7	2	8	6	9	1	4	3
4	8	9	3	1	7	2	5	6
3	6	1	2	5	4	7	9	8
9	4	8	5	7	1	3	6	2
1	2	6	4	3	8	9	7	5
7	3	5	9	2	6	8	1	4

Solution# 71

6	8	3	2	5	4	7	1	9
4	9	7	3	1	8	6	2	5
2	1	5	6	7	9	8	4	3
5	3	2	1	8	6	4	9	7
9	7	6	4	3	2	1	5	8
8	4	1	5	9	7	2	3	6
3	5	8	7	4	1	9	6	2
7	2	4	9	6	5	3	8	1
1	6	9	8	2	3	5	7	4

Solution# 72

3	4	8	1	9	7	5	2	6
2	5	1	4	8	6	9	3	7
7	6	9	2	3	5	8	4	1
9	7	3	8	1	4	2	6	5
5	1	4	6	2	9	7	8	3
6	8	2	7	5	3	4	1	9
4	3	6	5	7	2	1	9	8
8	2	7	9	6	1	3	5	4
1	9	5	3	4	8	6	7	2

Solution# 73

6	3	4	7	2	1	8	5	9
5	8	7	3	6	9	1	4	2
9	2	1	8	5	4	3	7	6
1	6	8	9	7	5	4	2	3
7	5	2	6	4	3	9	1	8
4	9	3	1	8	2	5	6	7
8	4	5	2	9	7	6	3	1
3	7	9	5	1	6	2	8	4
2	1	6	4	3	8	7	9	5

Solution# 74

9	4	6	8	7	1	2	5	3
8	5	3	6	2	4	7	1	9
2	1	7	5	3	9	8	6	4
1	3	8	4	5	2	6	9	7
7	9	4	3	8	6	1	2	5
5	6	2	9	1	7	4	3	8
3	2	5	7	6	8	9	4	1
4	7	1	2	9	3	5	8	6
6	8	9	1	4	5	3	7	2

Solution# 75

4	7	5	6	3	2	9	8	1
9	8	2	1	7	5	4	6	3
6	1	3	9	8	4	2	7	5
1	2	6	3	4	9	8	5	7
7	3	4	8	5	1	6	9	2
8	5	9	2	6	7	1	3	4
5	9	7	4	2	8	3	1	6
2	6	8	5	1	3	7	4	9
3	4	1	7	9	6	5	2	8

Solution# 76

2	1	9	8	5	4	6	7	3
7	5	3	6	9	2	1	8	4
8	6	4	3	1	7	2	9	5
3	2	5	7	6	1	8	4	9
4	8	7	9	2	5	3	6	1
6	9	1	4	8	3	7	5	2
9	3	8	2	4	6	5	1	7
5	4	2	1	7	8	9	3	6
1	7	6	5	3	9	4	2	8

Solution# 77

7	4	3	5	6	2	1	9	8
2	9	6	1	8	4	7	3	5
8	5	1	3	9	7	2	4	6
4	6	5	8	2	1	9	7	3
1	2	9	6	7	3	5	8	4
3	8	7	9	4	5	6	2	1
9	3	4	2	5	6	8	1	7
5	7	2	4	1	8	3	6	9
6	1	8	7	3	9	4	5	2

Solution# 78

8	4	3	7	1	5	6	9	2
1	9	6	4	3	2	5	7	8
5	7	2	8	9	6	4	1	3
9	6	7	1	5	8	3	2	4
2	5	8	3	4	7	9	6	1
4	3	1	2	6	9	7	8	5
7	2	9	5	8	4	1	3	6
3	8	4	6	7	1	2	5	9
6	1	5	9	2	3	8	4	7

Solution# 79

7	9	4	3	5	6	8	2	1
5	8	2	9	4	1	7	6	3
6	3	1	8	7	2	4	9	5
8	5	9	4	1	3	6	7	2
4	1	6	2	8	7	5	3	9
2	7	3	6	9	5	1	4	8
9	4	7	5	3	8	2	1	6
1	6	8	7	2	9	3	5	4
3	2	5	1	6	4	9	8	7

Solution# 80

7	8	4	2	3	5	6	9	1
6	3	2	4	1	9	8	7	5
1	9	5	7	6	8	3	4	2
8	4	1	9	7	3	2	5	6
9	5	3	6	2	1	7	8	4
2	6	7	5	8	4	1	3	9
4	2	6	3	5	7	9	1	8
3	1	9	8	4	6	5	2	7
5	7	8	1	9	2	4	6	3

Solution# 81

8	3	5	7	4	9	6	1	2
9	4	6	2	3	1	7	5	8
1	2	7	6	8	5	9	4	3
4	5	1	9	6	2	8	3	7
6	7	9	8	5	3	1	2	4
2	8	3	1	7	4	5	6	9
5	6	8	4	2	7	3	9	1
7	9	2	3	1	6	4	8	5
3	1	4	5	9	8	2	7	6

Solution# 82

7	2	3	6	4	5	9	8	1
5	6	1	9	8	2	7	4	3
9	8	4	1	3	7	5	2	6
2	7	5	4	1	3	6	9	8
8	1	9	7	5	6	2	3	4
3	4	6	2	9	8	1	5	7
6	3	8	5	2	1	4	7	9
4	5	7	8	6	9	3	1	2
1	9	2	3	7	4	8	6	5

Solution# 83

8	2	7	5	1	9	3	6	4
3	4	9	7	8	6	2	1	5
6	5	1	2	4	3	7	8	9
7	8	2	6	5	4	9	3	1
5	9	6	3	2	1	4	7	8
4	1	3	8	9	7	6	5	2
9	3	5	4	6	8	1	2	7
1	6	8	9	7	2	5	4	3
2	7	4	1	3	5	8	9	6

Solution# 84

1	9	3	6	4	5	7	2	8
6	8	2	3	9	7	4	1	5
4	5	7	8	1	2	9	3	6
5	7	1	4	2	9	8	6	3
9	6	4	1	8	3	5	7	2
2	3	8	7	5	6	1	9	4
8	2	9	5	6	1	3	4	7
3	1	5	2	7	4	6	8	9
7	4	6	9	3	8	2	5	1

Solution# 85

1	4	8	3	5	9	6	7	2
5	9	7	2	4	6	1	3	8
3	2	6	7	8	1	9	4	5
6	5	9	1	2	7	3	8	4
2	1	4	8	9	3	5	6	7
8	7	3	4	6	5	2	1	9
4	6	1	5	7	2	8	9	3
7	3	2	9	1	8	4	5	6
9	8	5	6	3	4	7	2	1

Solution# 86

7	4	1	2	8	6	9	3	5
5	9	8	3	4	7	6	2	1
3	6	2	9	1	5	8	7	4
6	5	3	8	7	2	4	1	9
2	8	7	1	9	4	3	5	6
9	1	4	5	6	3	2	8	7
8	7	9	6	3	1	5	4	2
1	3	5	4	2	9	7	6	8
4	2	6	7	5	8	1	9	3

Solution# 87

7	8	1	4	2	3	6	9	5
3	9	5	8	6	1	2	7	4
2	6	4	7	9	5	3	8	1
8	5	3	2	7	4	1	6	9
6	2	7	1	3	9	4	5	8
4	1	9	6	5	8	7	3	2
5	3	2	9	4	6	8	1	7
1	4	6	5	8	7	9	2	3
9	7	8	3	1	2	5	4	6

Solution# 88

1	3	5	4	6	9	2	8	7
4	9	2	8	7	3	1	6	5
6	7	8	2	1	5	9	4	3
3	5	1	6	4	2	7	9	8
9	2	6	3	8	7	4	5	1
7	8	4	5	9	1	3	2	6
8	1	3	9	5	4	6	7	2
5	4	7	1	2	6	8	3	9
2	6	9	7	3	8	5	1	4

Solution# 89

5	3	2	4	7	9	8	1	6
1	9	7	8	6	3	2	5	4
4	8	6	2	5	1	3	7	9
8	1	5	6	9	4	7	3	2
6	2	4	5	3	7	9	8	1
3	7	9	1	2	8	6	4	5
2	4	1	7	8	6	5	9	3
9	6	8	3	1	5	4	2	7
7	5	3	9	4	2	1	6	8

Solution# 90

2	1	9	7	6	3	4	8	5
5	8	4	1	2	9	7	6	3
6	3	7	8	5	4	9	2	1
4	6	5	3	1	2	8	9	7
9	2	1	6	7	8	3	5	4
3	7	8	9	4	5	6	1	2
1	4	6	5	8	7	2	3	9
7	5	3	2	9	6	1	4	8
8	9	2	4	3	1	5	7	6

Solution# 91

2	8	7	5	4	9	6	1	3
1	5	4	6	8	3	2	7	9
9	3	6	7	1	2	5	4	8
8	2	3	9	5	4	7	6	1
4	7	5	1	6	8	3	9	2
6	1	9	3	2	7	8	5	4
7	9	1	8	3	6	4	2	5
5	4	8	2	7	1	9	3	6
3	6	2	4	9	5	1	8	7

Solution# 92

6	2	7	1	5	3	8	9	4
9	1	4	8	7	6	2	3	5
5	3	8	2	9	4	7	6	1
7	4	6	3	8	9	1	5	2
8	9	1	7	2	5	6	4	3
3	5	2	6	4	1	9	8	7
1	8	3	5	6	2	4	7	9
4	7	5	9	1	8	3	2	6
2	6	9	4	3	7	5	1	8

Solution# 93

5	1	2	9	3	8	6	4	7
4	8	3	6	7	2	1	9	5
7	6	9	1	5	4	2	8	3
2	5	8	4	1	6	7	3	9
6	7	1	8	9	3	4	5	2
3	9	4	7	2	5	8	6	1
9	3	6	2	4	1	5	7	8
8	2	7	5	6	9	3	1	4
1	4	5	3	8	7	9	2	6

Solution# 94

6	1	4	2	9	3	7	5	8
8	9	3	7	5	6	1	4	2
2	7	5	1	8	4	9	6	3
9	8	6	4	2	7	5	3	1
1	4	2	8	3	5	6	9	7
3	5	7	6	1	9	2	8	4
4	2	1	5	6	8	3	7	9
5	3	8	9	7	2	4	1	6
7	6	9	3	4	1	8	2	5

Solution# 95

6	2	8	4	3	1	7	9	5
5	4	7	9	8	2	6	3	1
9	1	3	5	7	6	4	2	8
7	5	2	3	4	8	9	1	6
8	6	4	1	9	5	2	7	3
3	9	1	6	2	7	5	8	4
1	7	5	8	6	9	3	4	2
2	3	6	7	1	4	8	5	9
4	8	9	2	5	3	1	6	7

Solution# 96

1	3	4	8	5	6	7	9	2
9	2	5	7	4	1	6	3	8
7	8	6	9	3	2	1	4	5
5	6	9	2	1	4	3	8	7
4	7	8	6	9	3	5	2	1
3	1	2	5	7	8	4	6	9
2	9	7	4	6	5	8	1	3
6	5	1	3	8	9	2	7	4
8	4	3	1	2	7	9	5	6

Solution# 97

4	9	8	7	3	6	5	2	1
6	5	2	8	1	9	7	3	4
7	1	3	2	4	5	6	9	8
8	7	5	9	2	3	4	1	6
9	3	6	4	8	1	2	7	5
1	2	4	5	6	7	9	8	3
3	4	1	6	9	2	8	5	7
2	6	7	3	5	8	1	4	9
5	8	9	1	7	4	3	6	2

Solution# 98

2	8	7	4	9	3	6	1	5
9	3	1	7	6	5	2	8	4
4	5	6	8	1	2	3	9	7
1	2	4	6	3	8	7	5	9
8	6	9	2	5	7	1	4	3
3	7	5	1	4	9	8	6	2
5	9	2	3	8	6	4	7	1
6	4	3	5	7	1	9	2	8
7	1	8	9	2	4	5	3	6

Solution# 99

8	4	2	9	5	3	6	1	7
3	6	5	1	7	8	2	4	9
7	1	9	4	6	2	3	8	5
9	2	4	5	1	7	8	6	3
1	7	6	3	8	9	5	2	4
5	3	8	6	2	4	7	9	1
2	9	1	7	3	6	4	5	8
6	5	7	8	4	1	9	3	2
4	8	3	2	9	5	1	7	6

Solution# 100

1	6	8	7	4	3	9	2	5
2	9	3	5	6	1	7	4	8
7	5	4	9	2	8	1	3	6
3	4	6	8	7	9	2	5	1
9	8	2	1	5	4	6	7	3
5	7	1	2	3	6	8	9	4
4	3	7	6	1	2	5	8	9
8	1	5	3	9	7	4	6	2
6	2	9	4	8	5	3	1	7

Solution# 101

9	7	8	2	5	6	3	1	4
3	2	4	7	8	1	6	5	9
6	1	5	9	3	4	7	2	8
8	4	9	6	1	3	5	7	2
5	6	7	4	9	2	1	8	3
2	3	1	8	7	5	9	4	6
4	5	2	1	6	9	8	3	7
1	8	6	3	2	7	4	9	5
7	9	3	5	4	8	2	6	1

Solution# 102

6	7	5	9	2	4	1	8	3
3	1	2	8	5	7	4	9	6
8	9	4	6	1	3	5	7	2
9	4	3	5	8	2	6	1	7
2	5	6	4	7	1	8	3	9
1	8	7	3	6	9	2	4	5
5	6	1	7	9	8	3	2	4
7	3	8	2	4	6	9	5	1
4	2	9	1	3	5	7	6	8

Solution# 103

1	6	9	4	8	7	5	2	3
4	3	2	5	6	1	8	9	7
7	8	5	9	3	2	4	1	6
3	4	1	2	7	5	6	8	9
9	7	6	8	4	3	1	5	2
2	5	8	1	9	6	3	7	4
6	2	3	7	5	8	9	4	1
5	9	7	6	1	4	2	3	8
8	1	4	3	2	9	7	6	5

Solution# 104

7	9	6	8	2	3	4	5	1
1	8	3	5	6	4	9	2	7
2	5	4	1	7	9	6	3	8
8	6	2	3	4	5	7	1	9
5	4	1	7	9	8	2	6	3
9	3	7	6	1	2	5	8	4
6	2	8	9	3	7	1	4	5
3	1	9	4	5	6	8	7	2
4	7	5	2	8	1	3	9	6

Solution# 105

1	9	6	7	5	2	3	8	4
2	3	8	9	4	6	1	7	5
4	7	5	3	1	8	6	2	9
3	8	7	1	2	9	5	4	6
9	4	2	8	6	5	7	3	1
6	5	1	4	3	7	2	9	8
7	2	9	5	8	1	4	6	3
5	6	3	2	9	4	8	1	7
8	1	4	6	7	3	9	5	2

Solution# 106

5	8	9	7	6	4	3	1	2
7	1	6	2	3	9	5	4	8
2	4	3	1	5	8	7	6	9
8	2	1	9	4	5	6	7	3
4	3	7	6	8	2	9	5	1
9	6	5	3	7	1	8	2	4
3	7	2	4	9	6	1	8	5
1	9	8	5	2	7	4	3	6
6	5	4	8	1	3	2	9	7

Solution# 107

6	9	7	8	3	1	4	5	2
8	1	5	4	2	9	7	3	6
4	3	2	5	6	7	1	8	9
2	6	9	3	1	5	8	7	4
1	7	8	6	4	2	3	9	5
3	5	4	7	9	8	6	2	1
5	4	1	2	7	3	9	6	8
9	2	3	1	8	6	5	4	7
7	8	6	9	5	4	2	1	3

Solution# 108

5	4	9	8	3	2	1	7	6
2	6	8	4	7	1	5	9	3
1	7	3	6	9	5	4	2	8
7	5	2	3	4	6	8	1	9
4	8	6	5	1	9	2	3	7
3	9	1	7	2	8	6	5	4
8	1	4	9	5	3	7	6	2
9	2	7	1	6	4	3	8	5
6	3	5	2	8	7	9	4	1

Solution# 109

8	3	6	4	2	9	1	7	5
1	5	2	7	8	6	4	9	3
9	7	4	1	3	5	2	8	6
3	4	9	5	6	1	8	2	7
5	8	7	3	9	2	6	4	1
2	6	1	8	7	4	3	5	9
7	1	3	2	5	8	9	6	4
6	2	5	9	4	3	7	1	8
4	9	8	6	1	7	5	3	2

Solution# 110

2	5	9	1	3	7	6	4	8
1	7	6	4	9	8	2	3	5
3	4	8	2	6	5	1	9	7
7	3	4	5	2	9	8	6	1
8	2	1	6	7	4	3	5	9
6	9	5	8	1	3	7	2	4
5	8	7	3	4	2	9	1	6
9	6	3	7	5	1	4	8	2
4	1	2	9	8	6	5	7	3

Solution# 111

2	7	8	5	3	9	6	1	4
9	3	1	6	2	4	8	5	7
6	5	4	7	8	1	2	3	9
3	6	2	4	5	7	9	8	1
4	9	7	1	6	8	3	2	5
8	1	5	2	9	3	7	4	6
5	8	3	9	4	6	1	7	2
7	4	9	8	1	2	5	6	3
1	2	6	3	7	5	4	9	8

Solution# 112

8	6	1	4	9	3	2	7	5
2	7	4	5	6	8	3	9	1
5	9	3	2	1	7	6	4	8
7	5	2	8	3	1	9	6	4
4	3	9	6	2	5	1	8	7
1	8	6	7	4	9	5	2	3
6	4	5	1	7	2	8	3	9
3	2	8	9	5	4	7	1	6
9	1	7	3	8	6	4	5	2

Solution# 113

1	3	5	8	2	7	9	4	6
8	7	9	5	6	4	3	1	2
4	2	6	1	9	3	7	8	5
7	8	3	9	5	6	1	2	4
6	1	4	7	8	2	5	9	3
5	9	2	4	3	1	6	7	8
2	5	7	3	1	8	4	6	9
3	4	8	6	7	9	2	5	1
9	6	1	2	4	5	8	3	7

Solution# 114

2	8	5	6	3	1	9	4	7
9	1	7	4	8	5	3	2	6
4	6	3	2	7	9	5	1	8
5	9	2	7	4	8	1	6	3
1	3	4	5	6	2	8	7	9
8	7	6	9	1	3	4	5	2
6	2	9	8	5	4	7	3	1
3	5	8	1	2	7	6	9	4
7	4	1	3	9	6	2	8	5

Solution# 115

8	9	1	4	2	3	5	7	6
3	2	4	6	7	5	9	1	8
6	5	7	9	1	8	2	4	3
7	8	9	5	6	2	4	3	1
2	3	6	8	4	1	7	5	9
4	1	5	3	9	7	6	8	2
9	4	8	7	3	6	1	2	5
5	7	2	1	8	9	3	6	4
1	6	3	2	5	4	8	9	7

Solution# 116

5	2	3	8	1	7	4	9	6
1	8	4	3	6	9	2	5	7
7	9	6	2	4	5	8	1	3
2	5	8	1	9	6	7	3	4
6	7	9	4	3	8	5	2	1
3	4	1	5	7	2	6	8	9
9	1	5	7	8	4	3	6	2
8	3	7	6	2	1	9	4	5
4	6	2	9	5	3	1	7	8

Solution# 117

6	7	5	9	4	2	8	1	3
3	2	8	1	7	5	4	9	6
1	9	4	8	3	6	7	5	2
5	3	9	2	1	7	6	4	8
4	6	1	3	9	8	2	7	5
7	8	2	6	5	4	9	3	1
2	1	7	4	8	3	5	6	9
8	5	3	7	6	9	1	2	4
9	4	6	5	2	1	3	8	7

Solution# 118

7	1	8	2	9	4	3	5	6
9	3	4	6	8	5	1	2	7
2	6	5	1	3	7	8	4	9
6	2	7	8	5	1	4	9	3
1	8	9	3	4	2	6	7	5
5	4	3	9	7	6	2	1	8
8	9	1	7	2	3	5	6	4
4	7	2	5	6	8	9	3	1
3	5	6	4	1	9	7	8	2

Solution# 119

3	8	9	1	5	2	7	4	6
5	6	2	8	4	7	3	9	1
7	1	4	6	9	3	8	2	5
4	9	3	2	8	5	1	6	7
6	7	8	4	1	9	5	3	2
1	2	5	7	3	6	4	8	9
9	5	1	3	2	4	6	7	8
8	3	7	9	6	1	2	5	4
2	4	6	5	7	8	9	1	3

Solution# 120

6	4	5	1	8	3	7	2	9
3	8	7	9	2	6	1	4	5
2	9	1	5	7	4	8	6	3
8	6	9	4	1	2	5	3	7
4	5	3	7	6	9	2	8	1
1	7	2	3	5	8	6	9	4
5	2	4	8	3	1	9	7	6
7	3	8	6	9	5	4	1	2
9	1	6	2	4	7	3	5	8

www.ingramcontent.com/pod-product-compliance
Lightning Source LLC
Chambersburg PA
CBHW071209240526
45470CB00018B/1645